艺术设计 ARTDESIGN

高等院校艺术学门类『十三五』规划教材

图标ICON设计与制作

TUBIAO ICON SHEJI YU ZHIZUO

主　编　李道源　唐映梅　张　玲

副主编　王保青　魏　坤　熊朝阳　李瑞林

参　编　欧阳玺　楚　娴　赵艺瑾　曾　增
　　　　曾易平　薛良玉

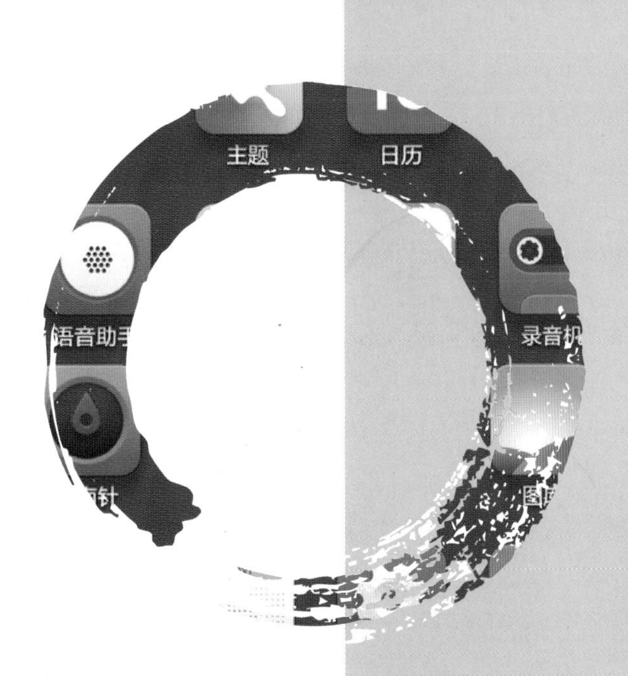

華中科技大學出版社
http://www.hustp.com
中国·武汉

内容简介

本书是一本系统介绍图标 ICON 设计知识的书籍，是为了适应目前艺术类高校在针对互联网设计方向所开设课程而编写的。本书的编写符合视觉传达艺术、数字媒体艺术等专业本（专）科教学要求，内容系统、全面，注重学生动手能力的培养，具有较强的实用性和借鉴性。

全书共分为 6 章，分别是图标 ICON 概述、图标 ICON 设计基础、图标 ICON 设计尺寸与规范组建、图标 ICON 设计过程与工具、信息图标 ICON 设计范例和优秀设计作品。其中第 1 章至第 4 章为基础理论知识，内容清晰直接，方便阅读与理解。第 5 章作为案例示范的章节，是本书的重点，精选出具有代表性的 8 个案例，通过无障碍的步骤示范教学，让学生可以逐步完成，在提高动手能力的同时，掌握利用不同工具软件制作不同风格图标的技巧。本书的最后是优秀设计作品，列举部分成功案例，供大家参考。

本书既可作为高校视觉传达艺术专业、数字媒体艺术专业等的图标 ICON 设计课程的教材，又可以作为互联网 UI 设计课程的辅助教材，同时也能成为设计爱好者的参考书。

图书在版编目（CIP）数据

图标 ICON 设计与制作 / 李道源，唐映梅，张玲主编. — 武汉：华中科技大学出版社，2018.1(2021.1重印)

高等院校艺术学门类“十三五”规划教材

ISBN 978-7-5680-3411-1

Ⅰ.①图… Ⅱ.①李… ②唐… ③张… Ⅲ.①人机界面－程序设计－高等学校－教材 Ⅳ.①TP311.1

中国版本图书馆 CIP 数据核字(2018)第 014933 号

图标 ICON 设计与制作

Tubiao ICON Sheji yu Zhizuo

李道源　唐映梅　张　玲　主编

策划编辑：彭中军

责任编辑：史永霞

封面设计：孢　子

责任监印：朱　玢

出版发行：华中科技大学出版社（中国·武汉）　电话：（027）81321913

武汉市东湖新技术开发区华工科技园　邮编：430223

录　　排：武汉正风天下文化发展有限公司

印　　刷：武汉科源印刷设计有限公司

开　　本：880 mm × 1 230 mm　1/16

印　　张：8

字　　数：248 千字

版　　次：2021 年 1 月第 1 版第 4 次印刷

定　　价：49.00 元

前言

随着电子设备的发展，UI 界面设计也跟着火热起来，各地艺术院校纷纷开设相关的专业课程。图标 ICON 设计与制作作为 UI 界面设计的主要组成部分，占有非常重要的地位，成为进入 UI 界面设计的重要课程之一。

通过本课程的学习，学生能对图标 ICON 的理论有较深刻的理解，对图标 ICON 设计过程和规范组建有系统的认识 。在练习示范章节，我们精选出具有代表性的 8 个案例，通过无障碍的步骤示范教学，学生可以逐步完成，在提高动手能力的同时，掌握不同风格图标制作在不同工具软件下的使用技巧。

本书的编写特别感谢湖北工业大学工程技术学院艺术设计系师生的大力支持，感谢设计师吴丹与湖北工业大学工程技术学院艺术设计系孙立老师参与相关章节的编写。由于通信地址不详或其他原因，部分案例的作者以及曾给予帮助的人士或单位没有提及，请多包涵。

由于编写时间仓促，编者水平有限，书中难免有错误和欠妥之处，恳请广大读者和相关专业人士批评指正。

编　者

2017 年 9 月

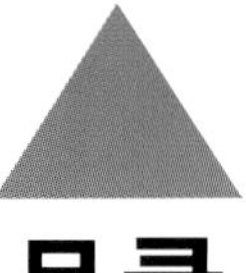

目录

TUBIAO ICON SHEJI YU ZHIZUO

第 1 章

图标 ICON 概述

TUBIAO ICON GAISHU

说到图标，大家往往会联想到我们生活中常见到的图标，比如在公共场所看到的“禁止吸烟”和节约用纸等警示图标（见图 1–1），在道路上看到的“禁止停车”“禁止转向”等指示图标（见图 1–2），计算机桌面上的“我的电脑”“回收站”等桌面图标（见图 1–3），手机上电话、短信、照相机等功能图标（见图 1–4）。

图 1–1　公共场所警示图标

图 1–2　道路交通指示图标

图 1–3　计算机系统桌面图标

图 1–4　手机界面功能图标

这些图标之所以被联想到，是因为它们在人们的日常生活中被频繁使用，给人们留下了难以忘记的印象。一般来说，生活中有各种各样的图标，它们在不同的场合及设备上有不同的意义。

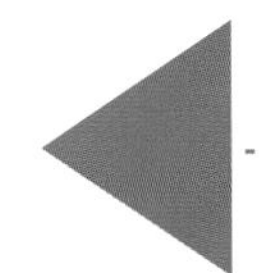

1.1 图标 ICON 的含义

美国著名逻辑学家、符号学家查尔斯•桑德斯•皮尔斯（见图 1–5），按照符号与符号所指代的事物之间的联系对符号进行分类，即符号三分法：类象符号（icon）、指示符号（index）和抽象符号（symbol）。他认为，符号必须传递某种社会信息，即社会习惯所约定的，而不是个人赋予的特殊意义，只有具有规约性质的信息才能是符号的所载之“物”。同时符号必须是物质的，只有这样，它才能作为信息的载体被人所感知，为人的感官所接受。类象符号所指代的往往是在一种本质上不同于载体本身的信息，它们之间的照应关系纯粹取决于两者之间的某种相像，通过两者之间的类比，可以清楚地揭示事物的特征。当然，不管是抽象的还是具体的事物，只要它们两者之间存在相似性，就可以通过设计者的写实或是模仿来表征其对象，这就是符号语言本身的定义。

图 1–6 所示为《皮尔斯：论符号》的封面。

图 1–5　查尔斯·桑德斯·皮尔斯

图 1–6　《皮尔斯：论符号》

为了便于理解，也可以把具有广泛性概念的图标分为广义与狭义的。

广义的图标是研究人类如何使用符号来传达意义的，包括文字、讯号、密码、符号、图腾、手语等，我们称之为“符号”，主要是我们常说的传统媒体下的平面设计、广告设计所包含的各类内容。

狭义的图标是指在计算机出现以后，特别是在互联网发展的背景下针对数字化新媒体进行设计的，表示命令、程序的符号、图像，通常可以称之为“图标 ICON”，或简称“ICON”。

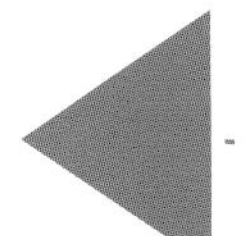

1.2 图标 ICON 与商标 LOGO 的异同

随着多媒体数字化的到来，越来越多的公司在多种媒介上发布自己的图标 ICON 与 LOGO，这使得大众对两者之间的界限的认识变得模糊，但它们作为公司外在的视觉形象，在产生的目的、表现的意义、使用的场合、发挥的作用等方面都有明显的区别。

图标 ICON 是进入多媒体数字化时代之后才广泛运用的词汇，指的是我们在各种数字化设备中看到的那些大大小小的应用快捷方式，并随着计算机和手机的普及，在用户的频繁使用下，开始大规模流行。图标 ICON 的主要目的是帮助用户识别、找到特定功能的视觉引导。它以可视化的方式，使信息更易于被我们理解和获取。图标 ICON 在功能上更加直接，尺寸相对商标 LOGO 要小巧，设计的精度上要求更加精确，同时同一个企业发布的图标 ICON 也具有统一关系，可以让用户方便理解该企业在多媒体设备上发布的相关产品和业务。腾讯公司商标及旗下一些产品的图标如图 1–7 所示。

图 1–7　腾讯公司商标及旗下一些产品的图标

LOGO 是徽标或商标的英文简写，是企业形象识别系统 CIS（包括 MI 企业理念识别、BI 企业行为识别和 VI 企业视觉识别）的重要组成部分（见图 1–8）。商标 LOGO 作为企业或品牌的视觉代表，是一种特定的与用户进行沟通的方式，其内在设计能够体现企业产品或服务的特征与理念，而外在视觉上又要求其具有一定的独特性和差异性。例如，微软公司早期的 LOGO 是将“Microsoft”用一种粗的、略微倾斜的字体设计，加上右上角的注册标志“Ⓡ”，共同组合成商标，如图 1–9 所示。而新 LOGO 中的“Microsoft”更换成 Segoe 字体，字体不再倾斜，且去掉了末端的注册标志“Ⓡ”，并在文字的前面加入四个不同的彩色方块，这四种颜色代表着微软公司的四大部门与产品，以及所服务群体的多样性，如图 1–10 所示。其中：蓝色是微软公司最经典的颜色，代表 Windows 操作系统及相关服务；橙色表示 Office 系列产品与服务；绿色代表 Xbox 和 Xbox Live；黄色代表 Bing“必应”全球信息搜索服务。微软公司旗下四大产品的最新 LOGO 如图 1–11 所示。微软公司新发布 LOGO 的设计文件尺寸的无损性和 LOGO 设计的规范性，使得它可以方便地放大或缩小，能够最大限度地运用到各个不同的场合，无论是平面印刷、户外广告还是电子媒介。

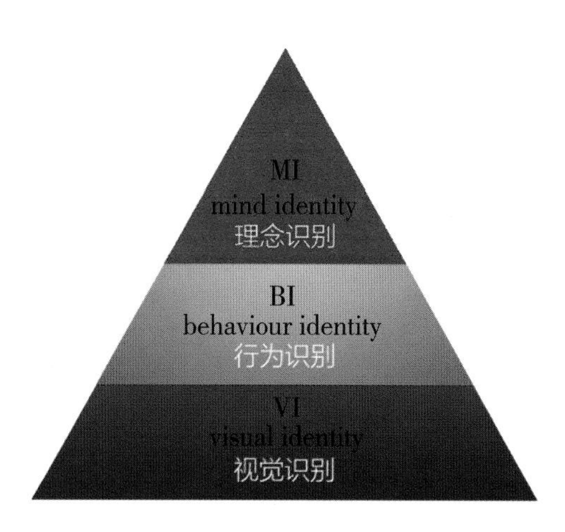

图 1–8　企业形象识别系统 CIS 结构层次

Microsoft®

图 1–9　微软公司早期 LOGO（1987—2012 年）

图 1–10　微软公司新发布 LOGO（2012 年—）

图 1–11　微软公司旗下四大产品最新 LOGO

图标 ICON 与商标 LOGO 虽然都是视觉标示，但也有一些差别。简要总结两者的主要差别如下。

• 图标是用来丰富并简化用户体验的一种信息引导工具，而 LOGO 则是品牌信息的展示。

• 图标具有认知的普遍性，是用户快速理解与操作的图形界面；而 LOGO 能够体现一个品牌的内涵与特色，更具品牌性与独特性。

• 并不是每一个企业都需要图标，但是每一个企业都需要 LOGO，有些企业的图标是品牌 LOGO 的伴生产物。

• 图标的尺寸是以像素为单位进行设计制作的，强调视觉的精度，缩放会使视觉信息丢失；而 LOGO 是在矢量软件中设计制作的，具有规范性，并能够无损缩放（见图 1–12）。

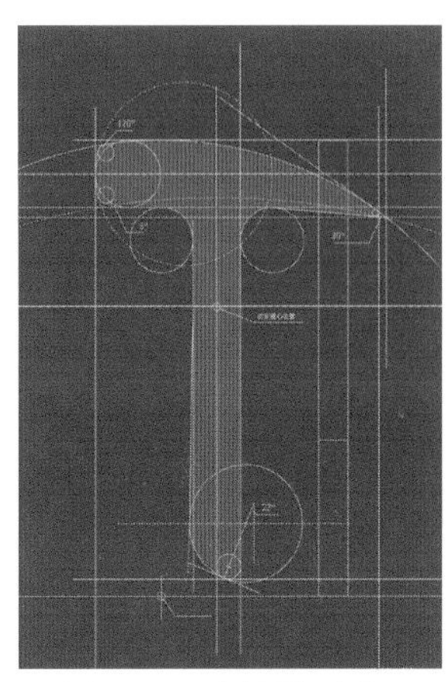

图 1–12　锤子标志标准绘制规范

1.3 图标 ICON 的功能

图标 ICON 设计是电子产品界面设计的重要组成部分。电子产品界面设计中重要的三个因素是图标 ICON、UI 界面、XD 交互设计。好的图标 ICON 设计往往能够将高度浓缩的信息快捷地传达给用户，便于用户操作与记忆。

一个图标 ICON 表面上是一个小的图片或对象，事实上却代表一个文件、程序、网页或命令。用户熟悉了图标、文件和程序的关系后，就能快速启动相关文件或应用程序，因此图标 ICON 具有快捷性，可以帮助用户快速执行命令和打开程序文件。图 1–13 所示的是电话、照片、相机、信息的图标，通过单击这些图标，可以启动对应的相关程序。

图标 ICON 本身常常是所代表事物简化或抽象后的符号，通常选取我们生活中随处可见的物品为元素，再通过图像（image）、图表（diagram）、比喻（metaphor）和标志（symbol）四种设计手段，使产品的功能具象化，降低用户的认知负担，便于理解。而对于常识性的符号，可以在保持识别性的基础上进行再设计。

图标 ICON 设计作为一类创意设计工作，其本身同样要求设计师在创意与设计的过程中创造个性化的美，建立视觉差异化，强化装饰性作用。在给予用户美的享受的同时创造产品的个性与品位，如图 1–14 所示。

图 1–13　iPhone 手机界面图标与锤子手机界面图标

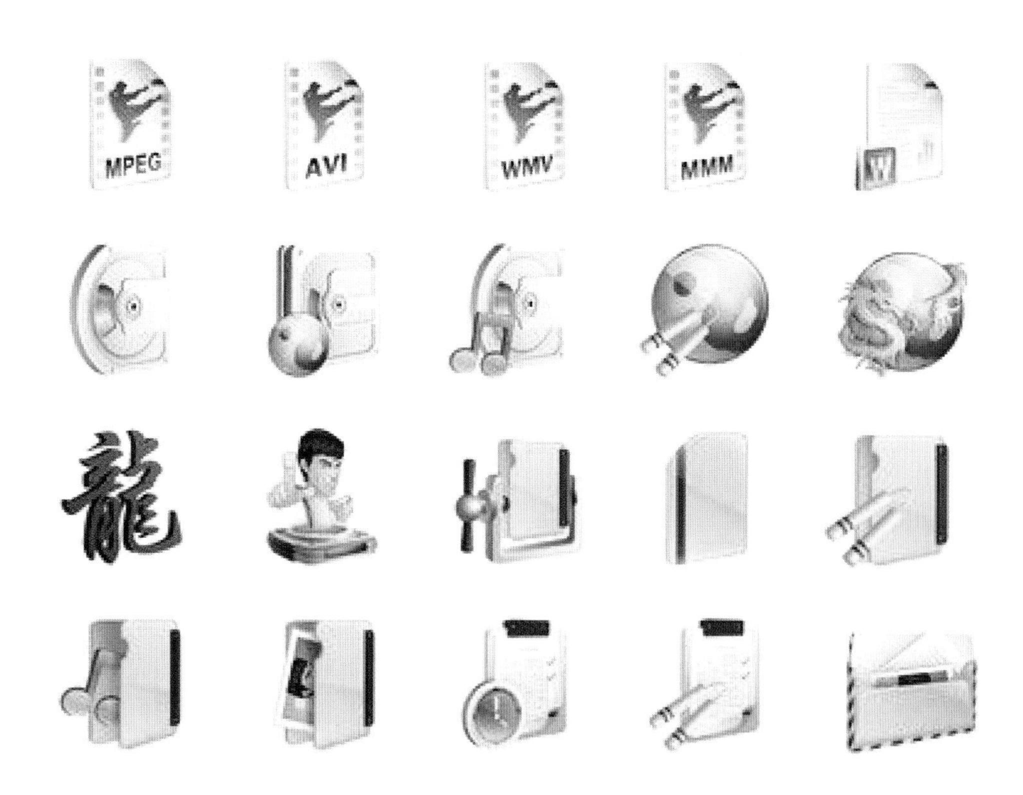

图 1–14　李小龙主题图标（来源：互联网）

在电子产品中，产品的外观、视觉界面与图标是用户第一眼感触到的部分，因此在设计的时候如能将三者统一，不但可以使用户认可产品的精神，同时也能够体现企业的品牌文化，为用户留下美好的第一印象。

图标 ICON 并非一成不变，在特定的时间或环境中进行巧妙的再设计，不但符合当下视觉的流行风格，而且也是企业的一种形象或活动的宣传手段，在增加用户对该产品的好感度的同时，也能够提高用户使用的趣味度，增强用户的情感共鸣。“京东”与“土豆视频”针对不同的时间活动设计的主题图标如图 1–15 所示。

图 1–15 “京东”与“土豆视频”针对不同的时间活动设计的主题图标

1.4 图标 ICON 的格式

现实中多媒体设备存在多个操作系统，比如桌面平台上微软公司的 Windows 操作系统和苹果公司的 OS 系统，以及移动平台上 Google 公司旗下的 Android 系统、微软公司早期的 WP（Windows Phone）系统和最新的 Windows 10 Mobile 系统及苹果公司的 iOS 系统。这些不同的操作系统需要与之匹配不同的图标格式，而常见的图标格式主要有以下四种。

一、PNG 格式图标

PNG（portable network graphics），即可移植的网络图像文件格式，它主要是为了替代 GIF 和 TIFF 文件格式而出现的，它同时增加了一些 GIF 文件格式所不具备的特性。

PNG 是 Macromedia 公司出品的 Fireworks 的专业格式，这个格式的缺点是不支持动画效果，优点在于不会使图像失真。PNG 用来存储灰度图像时，灰度图像的深度可达到 16 位，存储彩色图像时，彩色图像的深度可达到 48 位，并且支持 16 位的 Alpha 通道数据，可以保留透明背景。PNG 使用从 LZ77 派生的无损压缩的数据算法，一般应用于 Java 程序，或网页及 S60 程序中。其压缩比高，生成文件容量小，使得在同样一张图像的文件尺寸下，BMP 格式最大，PNG 其次，JPEG 最小。根据 PNG 文件格式不失真的优点，我们一般将其使用在 DOCK 中作为可缩放的图标。BMP、PNG、JPG 格式文件的图标如图 1–16 所示。

二、ICO 格式图标

ICO 是 Windows 的图标文件格式，图标文件可以存储单个图案和多尺寸、多色板的图标文件。一个图标实际

图 1-16　BMP、PNG、JPG 格式文件的图标

上是多张不同格式的图片的集合体，并且包含了一定的透明区域。

ICO 是 Windows 图标的专门格式，在替换系统图标时一定会使用到。例如，给应用程序的快捷方式换图标，就必须使用 ICO 格式的图标。另外，只有 Windows XP 以上的系统才支持带 Alpha 透明通道的图标，这些图标用在 Windows XP 以下的系统上会很难看。

ICO 格式的图标制作比较简单，先保存成 BMP 图标后，通过修改文件名后缀便可得到 ICO 图标，也可以借助图标软件转换器得到 ICO 图标。

三、ICL 格式图标

ICL（icon library），“图标库”，是一个改了名字的 16 位 Windows DLL（NE 模式）的文件，只不过后缀名不同而已，专用于图标的打包，可以将其理解为按一定顺序存储的图标库文件。ICL 文件在日常应用中并不多见，一般在程序开发过程中使用。ICL 文件可用 IconWorkshop 等支持后缀 EXE、DLL、ICL 的图标提取器软件打开查看。

四、IP 格式图标

IP 是 IconPackager 软件的专用文件格式。它实质上是一个改了扩展名的 RAR 文件，用 WinRAR 可以打开查看（一般会看到里面包含一个.iconpackager 文件和一个.icl 文件）。

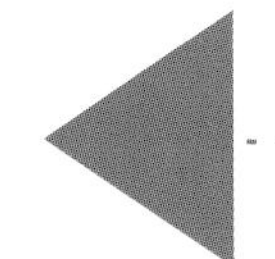

1.5 图标 ICON 的媒介特征与分类

因为图标 ICON 是针对新媒体进行设计的，因此相对于报刊、户外广告、广播、电视等传统意义上的媒体，其最为显著的特点就是数字化、个性化、交互性，同时也包括了其他特征，如多元化、快速性、广泛性、开放性、丰富性等。具体形式如互联网、手机、移动电视、IPTV 等，未来还包括各种可穿戴的设备，如 Google 眼镜、VR 眼镜、智能手表等。HTC 发布的 VR 设备如图 1-17 所示。

图标 ICON 有多种分类方法，最主要的大类是系统图标、手持设备界面图标、游戏图标、网页图标等。

其他图标小类包括硬件图标、软件图标、动物图标、人物图标、植物图标、表情图标、食物图标、工具图标、卡通动漫图标等。“王者荣耀”手游界面中的游戏图标如图 1-18 所示，互联网中的一些表情图标如图 1-19 所示。

图 1–17　HTC 发布的 VR 设备

图 1–18　“王者荣耀”手游界面中的游戏图标

图 1–19　一些表情图标（来源：互联网）

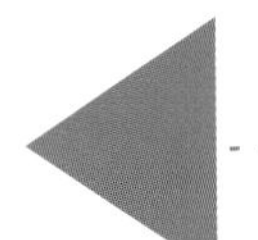

1.6 图标 ICON 的风格发展与演变

图标 ICON 的风格发展与演变基本上是伴随着技术的进步而发展的，认识和了解图标 ICON 的演变，可以为我们更好地理解图标 ICON 打下基础。

早期计算机上的图标 ICON 一般被认定为 1981 年的 Xerox Star 系统图标，这时的图标不但色彩单一，只有黑色和白色两种颜色，而且图标风格十分抽象、简单，主要使用方形、矩形或圆形等组合而成的二维的几何化图形，在尺寸方面大多使用 32 像素 × 32 像素，这个时期的图标属于像素化图标。Xerox Star 系统图标如图 1–20 所示。

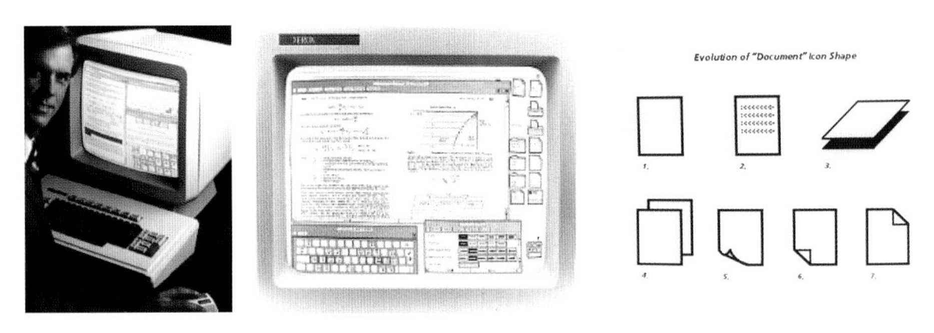

图 1–20　Xerox Star 系统图标

从 1989 年的 NeXTSTEP/OPENSTEP 系统的图标开始，直到 2000 年发布的 Windows 2000 系统图标和 2001 年发布的 Mac OS X 系统图标，图标 ICON 经历了比较迅速的发展。

1989 年 NeXTSTEP/OPENSTEP 系统图标出现，它的出现打破了之前图标简单的轮廓外形，而且采用了彩色并加入了阴影效果，虽然当时的设计不够完善，风格也不够统一，但这种改进为后来图标的设计引领了方向——向丰富化和立体化发展。同时，它能够得到大众的认可，还因为它的创意性设计。NeXTSTEP/OPENSTEP 系统图标如图 1–21 所示。

图 1–21　NeXTSTEP/OPENSTEP 系统图标

1990 年的 Windows 3.0 的系统图标（见图 1–22）与 1992 年的 Windows 3.1 的系统图标（见图 1–23）的色彩开始丰富，采用了 16 色，尺寸基本上提高到了 48 像素 × 48 像素，还出现了一些渐变与阴影效果。它们的出现标志着图标向着精细化与拟物化风格迈进。

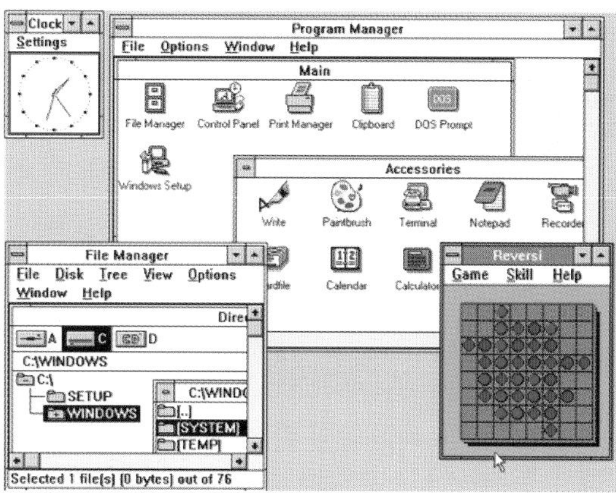

图 1–22　Windows 3.0 系统图标

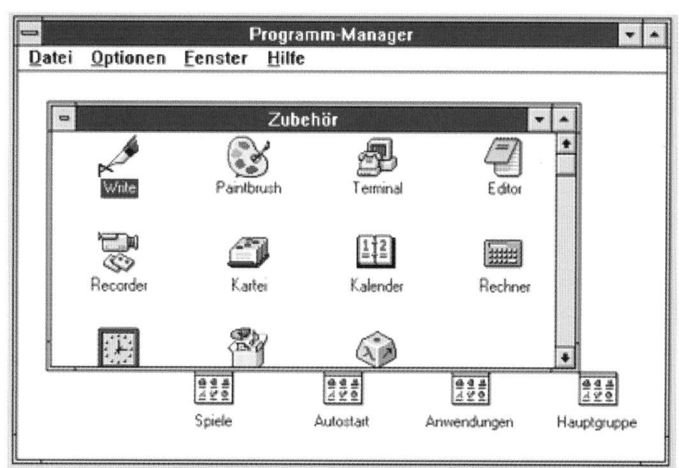

图 1–23　Windows 3.1 系统图标

自此之后，各大公司在精细化与拟物化的道路上做出了一系列的视觉改进， 1993 年 IBM 公司的 OS/2 系统在第三个版本中采用了 3D 效果，在第四个版本中采用了 Copland 风格。IBM 公司的 OS/2 Warp 4.0 版本操作系统界面如图 1–24 所示。

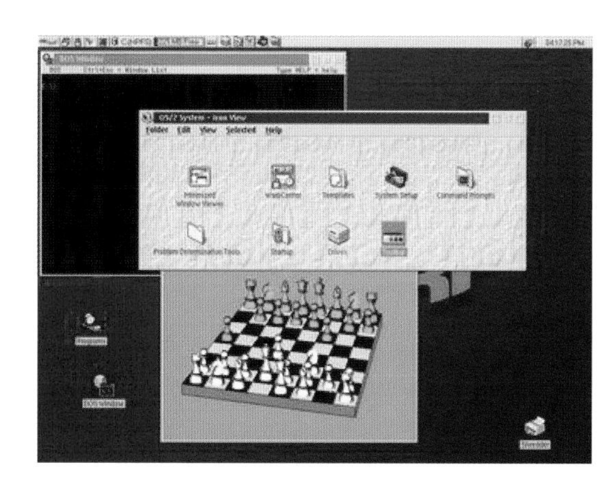

图 1–24　IBM 公司的 OS/2 Warp 4.0 版本操作系统界面

图 1-25　运行 OS/2 系统的 ATM 机

OS/2（Operating System/2）系统是由 IBM 公司和微软公司于 1985 年共同研发并上市的，1990 年两家公司终止合作后，由 IBM 公司单独进行开发。OS/2 一共经历四个版本，其中最大规模的发行版本是 1996 年发行的 OS/2 Warp 4.0，取名《星际迷航》电影中的曲速引擎（warp drive），以代表其稳定、快速的特色。在 Windows 3 广受追捧之后，IBM 公司便不再为该系统做支持，转向开发 Linux 系统，但其至今仍在许多自动取款机上运行。运行 OS/2 系统的 ATM 机如图 1-25 所示。

在苹果公司 1997 年发布的 Mac OS 8.5 中，出现了更为精美的图标，色彩也从 256 色扩展到数百万色。2001 年 Mac OS X 系统的图标完全采用了跟照片类似的写实手法，尺寸达到 128 像素 × 128 像素，而之前使用的几何图标更多地放置在了系统图标上，如图 1-26 至图 1-29 所示。

图 1-26　Mac OS 8.5

图 1-27　Mac OS 9

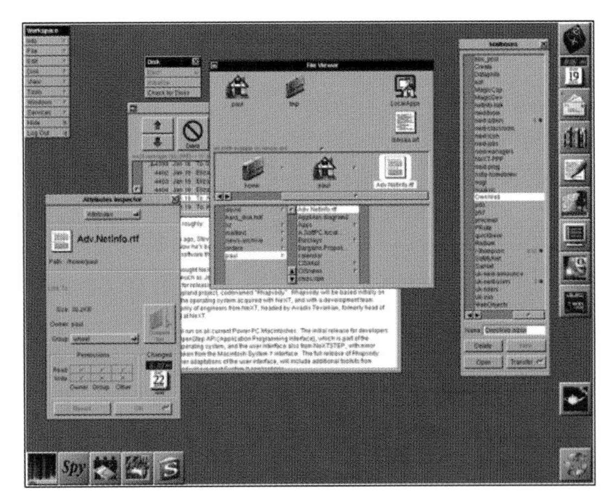

图 1-28　NeXTSTEP 系统

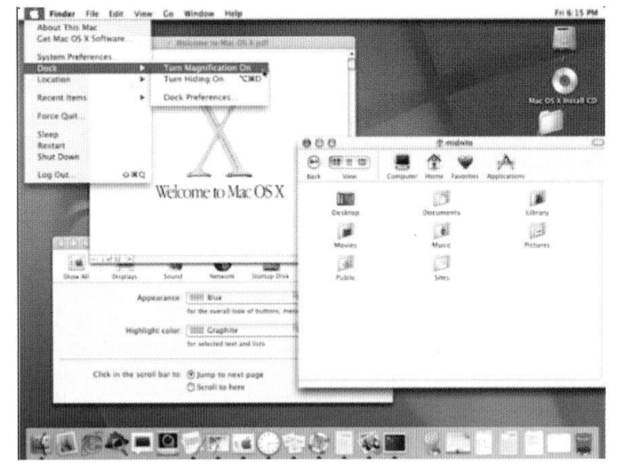

图 1-29　Mac OS X

这类图标在设备与技术上的发展使得其在设计上不再有瓶颈，拟物化图标甚至可以使用各种材质去表现，最终的效果和人们生活中使用的物品基本一样，所以拟物化图标在此后很长的时间里成为主流风格，并应用于多种新媒体设备中。

在拟物化风格的图标大行其道之时，各大公司并没有停止图标设计发展的脚步。2006 年末，微软公司为了和苹果公司的 iPod 播放器竞争，推出了 Zune 音乐播放器与 Zune 的桌面软件，在 Zune 的设计上微软公司提出一种名为 Metro 的设计风格，其特点是突出图片及大小写字母组合的菜单，这是微软公司在扁平化风格图标的设计上的一次重要尝试。PC 版 Zune 界面如图 1–30 所示。

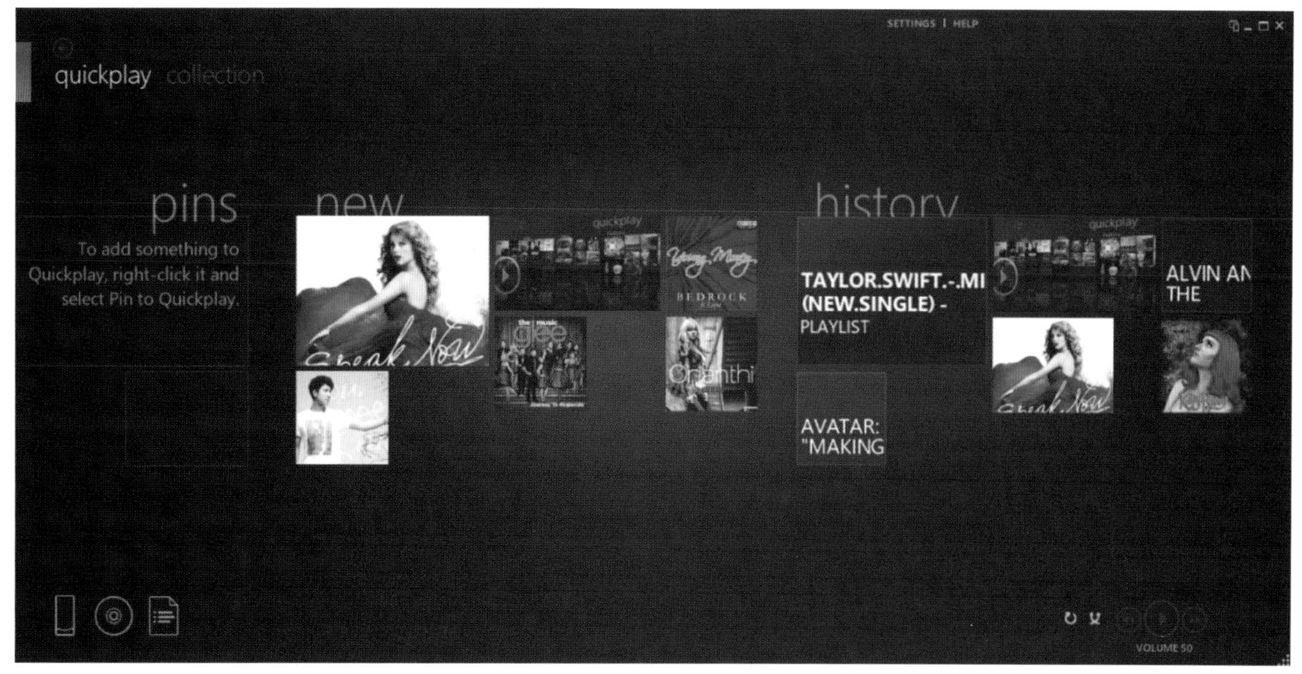

图 1–30　PC 版 Zune 界面

微软公司从 Zune 的设计中积累经验，于 2010 年推出 Windows Phone 7 系统，使用明确错落的块状网格与简洁的字体，让扁平化的设计主宰了全部界面风格。由此微软公司在设计的风格方面完全实现了转变，并一直影响到现在微软公司的 Windows 8、Xbox 360 等其他产品。相关用户界面如图 1–31 至图 1–33 所示。

图 1–31　Windows Phone 7 用户界面

图 1–32　Windows 8 用户界面

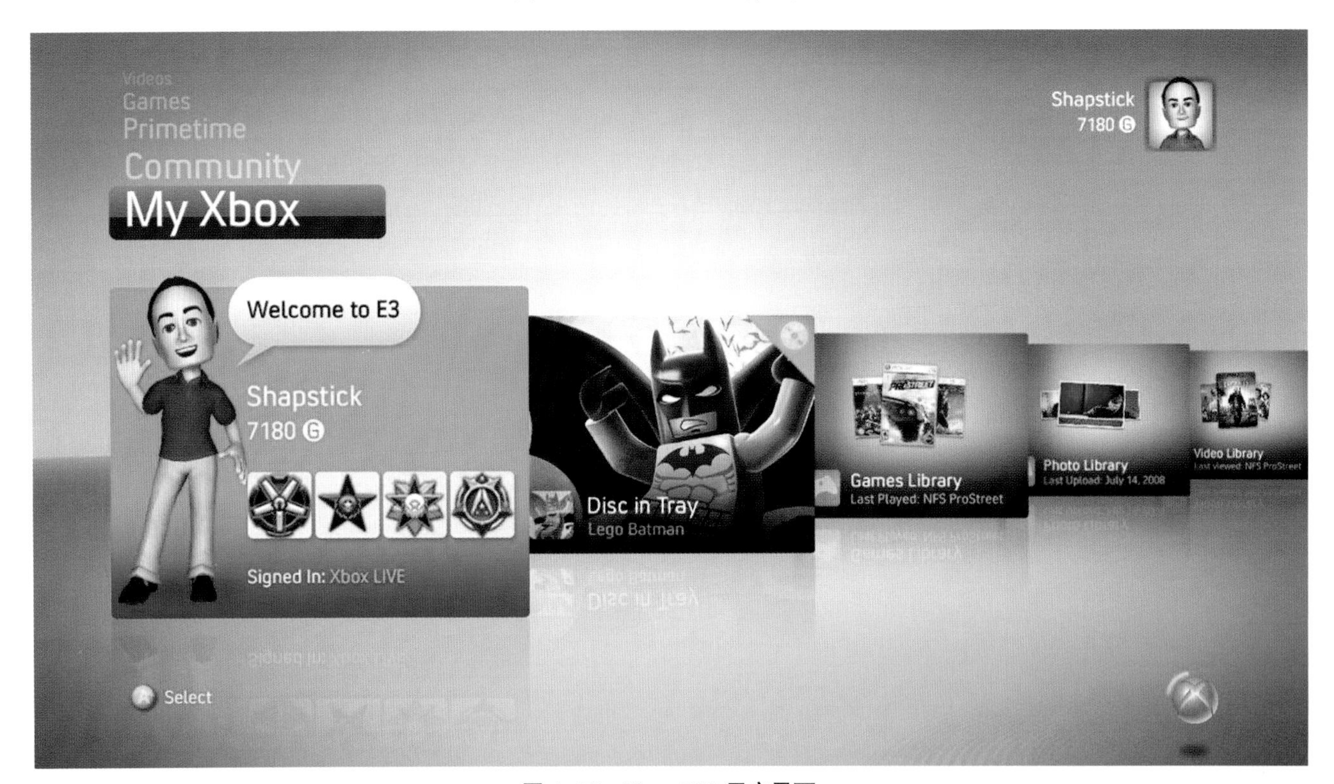

图 1–33　Xbox 360 用户界面

苹果公司在设计上也没有原地踏步，它于 2013 年发布 iOS 7，直接彻底放弃拟物化设计，完全转向扁平化设计。虽然当时用户的评价褒贬不一，但因为苹果公司的设备使用人数较多，且是当时新媒体风格设计的风向标，故使得扁平化图标设计一夜爆红，而拟物化图标设计基本退出舞台，如图 1–34 所示。随后其他公司的设计纷纷跟进，扁平化设计风格彻底成为主流风格，如图 1–35 所示。

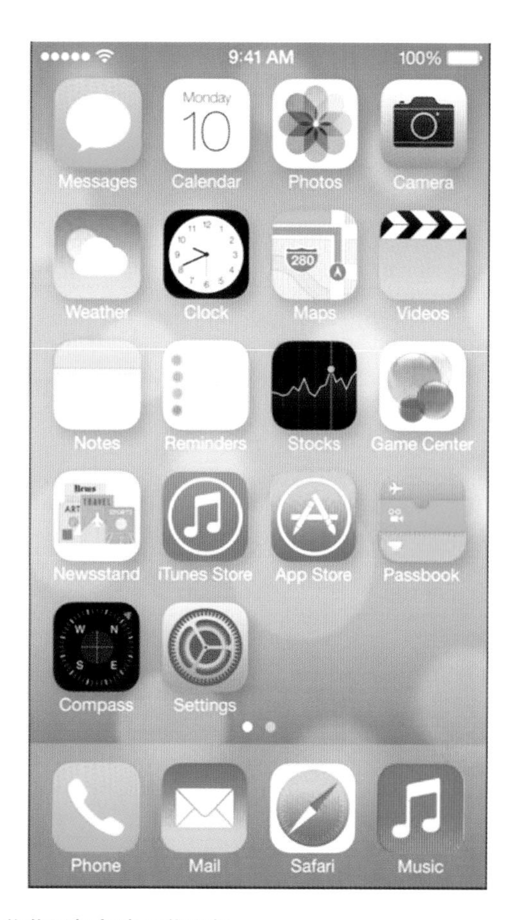

图 1–34　iOS 操作系统拟物化图标与扁平化图标

图 1–35　Android 操作系统扁平化图标

本章小结

本章主要介绍了图标 ICON 的概念、功能、媒介特征与分类、风格发展与演变等内容，建议大家在学习时结合图片加深对相关知识点的理解。

复习思考题

1. 简单描述什么是图标 ICON，举例说明图标 ICON 与商标 LOGO 的区别。
2. 收集 5 种不同类型的图标 ICON 的图片。

第 2 章

图标 ICON 设计基础

TUBIAO ICON SHEJI JICHU

ICON 是一种图标格式，我们常常将这类图标称为信息图标。好的图标 ICON 往往是提升用户体验的最佳武器。近年来，网络上的设计每天都以海量的速度在更新，但实用的却非常少，主要原因是设计者对产品前期的工作参与很少，都以美观为前提，导致图标的操作使用没有给人们带来便利。随着智能操作系统的普及，人们对图标 ICON 设计的期望越来越高，直观、易懂已不再是图标 ICON 设计的标配指令，进而对人性化、使用效率统计、交互性有了新的需求，这一需求使得图标 ICON 正朝着高效、简洁及智能的方向前进。Windows Vista 系统图标与 Windows 10 系统图标如图 2–1 所示。

图 2–1　Windows Vista 系统图标与 Windows 10 系统图标

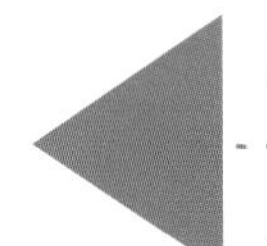

2.1 创意思维

图标 ICON 的设计实际上是一种创造活动，而创造需要设计人员运用创造性思维，对各种造型符号进行概括和总结，最终使得图标能够准确传达信息的目的。这种思维的过程简称创意思维，其本质是人脑以新颖独特的思维活动揭示客观事物的内在联系，并获得对问题的新解释，从而产生前所未有的思维成果。

创意思维的过程一般经历准备期、酝酿期、豁朗期和验证期四个阶段，如图 2–2 所示。

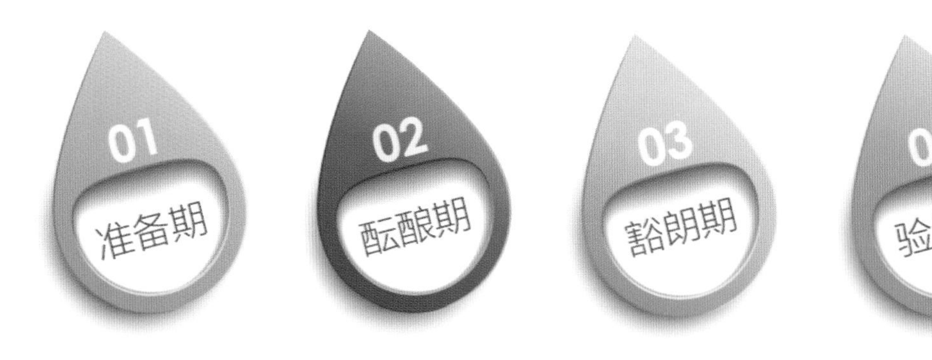

图 2–2　创意思维的四个阶段

准备期：在开展设计之前一定要明确图标所要表达的信息。参考案例、说明图片是最直接也是最具体的需求要素，界面的功能作用、所要面向的服务人群、所属的行业和地区，都可以作为参考要素，因此要全面、广泛地收集资料，并对资料进行系统的整理和概括。

酝酿期：这一阶段需要展开想象，在之前整理概括资料的基础上进行合理筛选，仔细观察图标所处界面的引导作用和方式，多角度地发散思维，运用联想与想象，大胆提出设想，进行草图和方案设计的过程。在这一阶段，不应当过早地将模糊概念或草图方案定为唯一的目标，而是要通过多维度的构思和比较，确定最优的方案。比如：餐厅的图标必须是刀叉吗？茶叶的图标一定要是叶子吗？IT 公司的图标就要以蓝色为基调吗？

豁朗期：对于设计人员来说，这一阶段是充满心动和惊喜的阶段，因为图标的设计创意，在此阶段变得更加明确。打磨、完善图标的每一个细节部分，确定设计的视觉效果。

验证期：设计的最终作品能否获得认可需要设计师与用户的积极沟通，获得用户的反馈信息。用户对于设计的认可，一方面说明设计师合理把握了图标所要传达的信息，同时也从另一个方面说明用户对设计中创意思维的认可。但是若用户的反馈不理想，设计人员无须否定之前所做的工作，而应该积极调整，努力总结与完善。

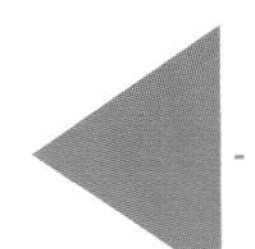

2.2 符号语言

图标 ICON 是一种有目的的艺术符号，其设计好坏直接影响到作品整体效果的好坏。优秀的图标不仅能够恰如其分地传达信息，让大众对图标之“意”瞬间心领神会，而且能给人留下深刻、强烈、完整、生动的印象，从而使图标的作用得到最佳发挥。

如何使用好符号语言？例如，一套完整的信息图标，假设图标设计涵盖一个共同的元素，那么这套设计就无须重新设计，只需要将元素之间的主次关系弄明白即可。再例如，如果一个元素在同一个界面上应用得非常贫乏，几乎没有变化，那么这样的方式就会导致识别度不够高，建议可以在元素上做一些小的调整，让呆板的元素丰富起来。运用好符号语言，能在简洁的图标展示中得到好的表现，在最短的时间内找到自己想要的信息，避免用户在形色各异的图标中不断探索、寻觅。图 2-3 所示为一些信息类图标。

图 2-3　信息类图标（来源：互联网）

而在现实的图标 ICON 设计中，设计人员往往对新图标的想法、思路特别多，但设计出来的方案却与实际的使用率差别很大，其原因往往在于，设计人员在图标 ICON 设计中使用了过多的元素，导致视觉混淆。因此，建议设计人员在设计之初锁定一到两个元素组合，并且在设计时，注意突出这两个元素组合的位置、方式、主次、大小及颜色轻重，如图 2–4 所示。

图 2–4　信息、社交、电话、通知等图标草图方案（来源：互联网）

2.3 图形达意

图形语言是视觉传达的一门课程，重点是要求设计者通过对形的基本认识来创造个性化的图形，并将它形象化。图标 ICON，从严格意义上来说，就是认识对象、描绘对象、表现对象，从根本上做到物象相生。

在图标 ICON 设计中，最重要的是对图形的把控。这就要求我们在图标 ICON 定稿前，必须绘制很多草图，用来诠释自己的创作理念。目前，很多设计者在绘制图标时会把最终的表现效果预先锁定好，如方形、圆形、三角形、多边形等，这样的方式非常好。因为，这样不仅加深了我们的高度一致性，也避免了凌乱不堪感。

建议设计之初做到以下两点的严格把控。

第一，三维样式的二维展现。在 2008—2009 年，图标 ICON 的设计趋势就是三维样式，自从苹果公司上市后，其终端的图标 ICON 都跟苹果公司的系统图标看齐，以二维形式展现。不管三维、二维，文字和图像要简洁易懂，主题一目了然，如图 2–5 所示。

第二，容器很重要，尽量做到统一。从 UI 界面的整体性来讲，我们不得不对图标 ICON 的统一性有一个新的要求，那就是“容器很重要，尽量做到统一”。ICON 的外形为正方形，我们在有效的方形容器里去做设计，过多的留白会让形体不够饱满，所以，尽量顶着方形的四边做设计是比较合适的方式。扁平化工程施工 ICON 图标如图 2–6 所示。

图 2-5　苹果公司 OS X Yosemite 系统界面视觉效果

图 2-6　扁平化工程施工 ICON 图标（来源：互联网）

2.4 风格分类

图标 ICON 的风格主要分为拟物化风格与扁平化风格。其中扁平化风格是目前主流的风格形式，但两者各有优缺，认识与理解两种不同设计风格的特点，可以让设计人员在项目设计开始时选择更加适合的表现形式。

一、拟物化风格分析

拟物化风格也称为写实风格，即据实直书，真实地描绘事物，如图 2-7 所示。

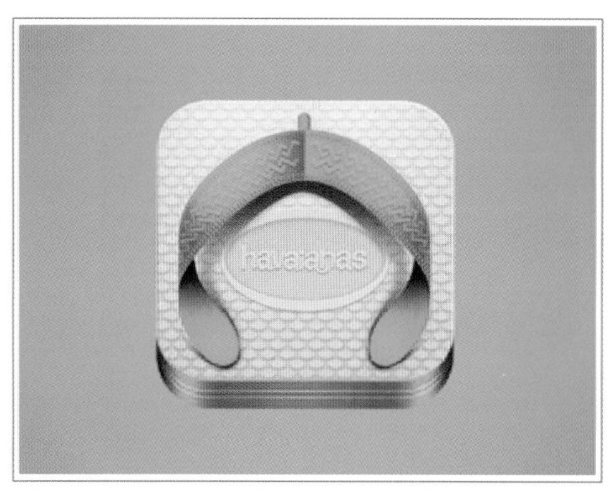

图 2-7　拟物化图标设计（来源：Grzegorz Ostrowski）

1. 拟物化风格的优点

拟物化图标 ICON 基本上使用生活中原有的物象来反映产品的功能，同时图标的内部加入更多的写实细节，比如色彩、3D 效果、阴影、透视效果，甚至一些简单的物理效果，使得用户认知时一目了然，视觉刺激强烈，大大提高辨识程度。但有些时候写实的设计并不一定是原始的意思，可以是一种近似的表达，比如：眼睛图形可能不代表“眼睛”，而代表“查看”或“视图”；齿轮状的图形不一定代表的是“齿轮”，可能是“设置”，也可能是“调整声音大小”。以齿轮图形为原型的拟物化图标如图 2-8 所示。简而言之，拟物化的图标，无论是面对真实存在的物体，还是想象出来的对象，其总是在描述一个真实存在的事物，而不是抽象的符号。

图 2-8　以齿轮图形为原型的拟物化图标（来源：互联网）

拟物化风格图标 ICON 的实际设计，并不一定是照着原始物体将其完全描绘出来，有时候只需要描绘基本元素即可，即将重点的部分表达出来就可以了。比如我们经常看到用户界面上的主页按钮，通常会用一个小房子作为图标，但我们发现，这个小房子并不是完全按照现实中的房子设计的，而仅是将代表房子的重点元素绘制出来。

2. 拟物化风格的缺点

拟物化风格设计对于初次接触电子产品的用户来说，识别直观，易用性强，可以很容易找到操作的入口。但多年一成不变的设计也造成了一些问题，比较突出地表现于以下两个方面。

（1）拟物化风格图标 ICON 流行多年，造成用户的审美疲劳。

（2）过度地在意拟物化的细节表现，使得用户对产品内容的转化效率变低。

3. 拟物化风格设计的注意原则

1）注意取舍

在拟物化图标 ICON 的创作中，细节太多或太少，都有可能造成用户看不懂的情况，所以要注意取舍。可以先在纸稿上绘制 UI 草图，用来确定哪些细节需要表达，哪些可以省略。当然，如果界面元素和生活参照物相差太远，就会很难辨别；如果太写实，有时候也会让人们无法识别你要表达的内容。图 2-9 所示为拟物化黑白纸质原型。

图 2-9　拟物化黑白纸质原型（来源：互联网）

2）使用合适的材质和纹理

拟物化图标中使用好的材质和纹理，能够让用户得到对品质追求的满足感。比如木质、皮质或者塑料一般可以使人产生怀旧感，金属一般可以使人产生科技感，大自然中的事物能够唤起亲和感，食物类的质感表现可以勾起人们的食欲感。使用合适的质感与纹理表现，可以使用户的感受从物质感受提升至对美好事物的精神感受。食物质感的拟物化图标设计如图 2-10 所示。

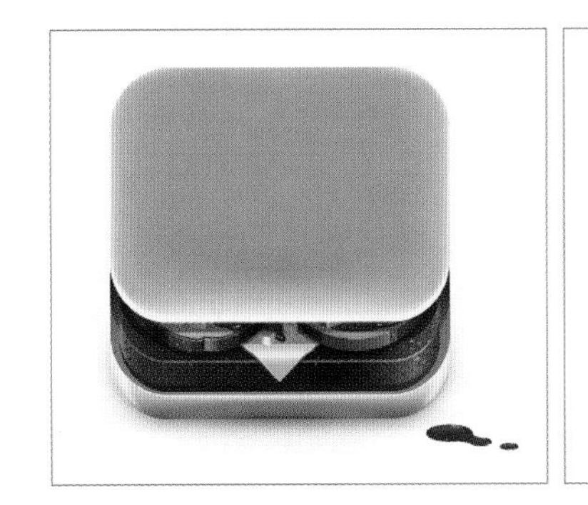

图 2-10　食物质感的拟物化图标设计（来源：Julian Burford（荷兰））

3）规划拟物化图标中的光影与色彩

拟物化图标 ICON 中的光影与色彩是还原“真实”物象的重要环节，能使图标 ICON 从二维平面转换为三维的立体效果。光影与色彩从不同的角度、不同的空间表现出来的组合效果，成为一种独特的视觉语言，带给人们美好的享受。综合运用光影与色彩的拟物化图标如图 2–11 所示。

图 2–11　综合运用光影与色彩的拟物化图标（来源：Konstantin Datz）

二、扁平化风格分析

扁平化设计风格也称简约设计风格、极简设计风格，它的核心就是去掉冗余的装饰效果，摒弃高光、阴影等能造成透视感的效果，通过抽象、简化、符号化的设计元素来表现。界面 UI 上也使用扁平化设计，采用抽象的方法，使用矩形色块、大字体，光滑感、现代感十足。

随着 iOS 8 的更新，扁平化设计成为目前互联网设计的主流方向。扁平化风格运用在手机、平板电脑上，能使整体更加干净整齐，简洁明了。《迷幻与现实》移动界面设计如图 2–12 所示。

扁平化风格与拟物化风格形成鲜明对比，扁平化在移动系统上不仅界面美观、简洁，而且降低了功耗，延长了待机时间，提高了运算速度。

1. 扁平化风格的优点

• 降低移动设备的硬件需要，提高运行速度，延长电池使用寿命和待机时间，使用更加高效。

• 简约而不简单，搭配一流的网络、色彩，让看久了拟物化的用户感觉焕然一新。

• 突出内容主体，减弱各种渐变、阴影、高光等模拟真实视觉效果对用户视线的干扰，信息传达更简单、直观，缓解审美疲劳。

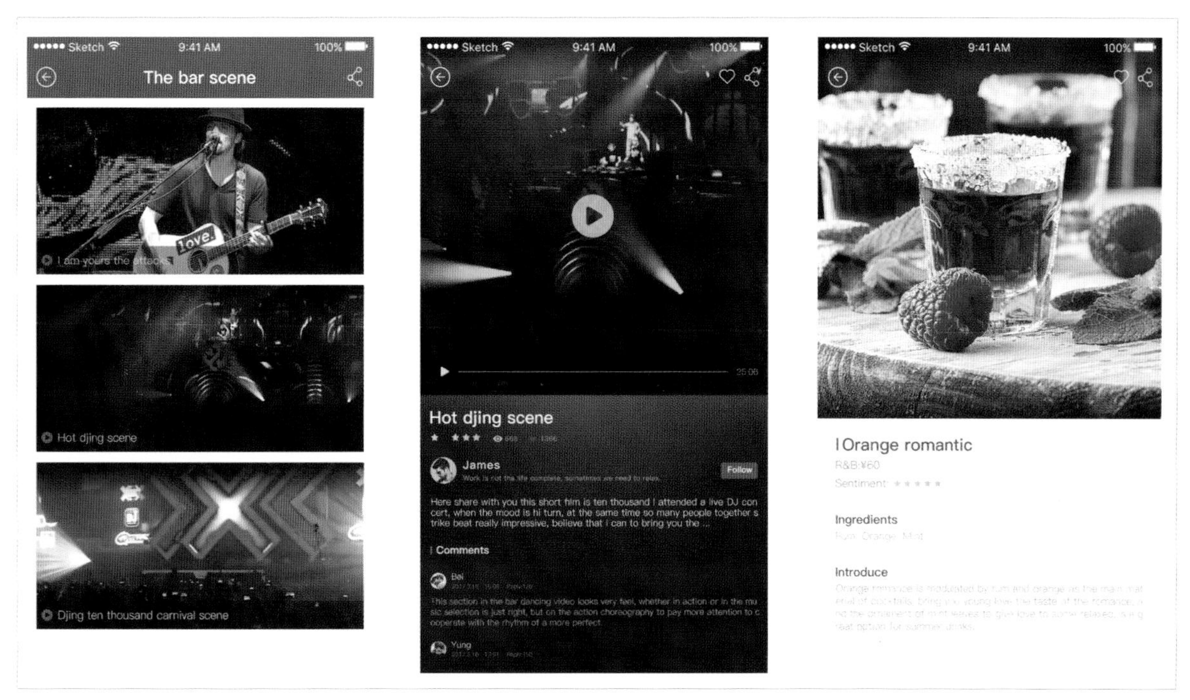

图 2-12 《迷幻与现实》移动界面设计（作者：杨贝）

• 设计更容易，开发更简单。扁平化设计更加简约，条理清晰，在适应不同屏幕尺寸方面设计更加容易修改，有更好的适应性。

小米手机图标如图 2-13 所示。

图 2-13 小米手机图标

2. 扁平化风格的缺点

扁平化风格虽然有很多优点，但对于不适应的人来说，缺点也是有的。

• 在色彩和立体感上的缺失，使用户体验度降低，特别在一些非移动设备上，设计过于简单。

• 设计简单造成直观感缺乏，有时候需要学习才可以了解，造成一定的学习成本。

• 简单的线条和色彩，造成传达的感情不丰富。

3. 扁平化设计的原则

扁平化设计虽然简单，但也需要技巧，否则整个设计会因为过于简单而缺乏吸引力，甚至没有个性，不能给用户留下深刻的印象。扁平化设计可以遵循以下原则。

（1）拒绝使用特效。

从扁平化风格的定义可以看出，扁平化设计属于极简设计，力求取出冗余的装饰效果，在设计上追求二维效果，所以在设计时与拟物化风格完全相反，去掉大量的修饰，比如阴影、斜面、浮雕、渐变、羽化，远离写实主义，通过抽象、简化或符号化的设计手法将其表现出来。

（2）使用极简的几何元素。

在扁平化设计中，按钮、图标等的设计多使用简单的几何元素，如矩形、圆形、多边形等，使设计整体上趋近极简主义设计理念。通过简单的图形达到设计目的，对于相似的集合元素，可以用不同的色彩填充来进行区别。同时，简化按钮和选项，做到极简效果。几何形体扁平化图标如图 2-14 所示。

图 2-14　几何形体扁平化图标（来源：互联网）

（3）注意颜色的多样性。

在扁平化设计中，颜色的使用是非常重要的，力求色彩鲜艳、明亮，在选色上要注意颜色的多样性，以更多的颜色、更炫丽的颜色来划分界面不同的范围，以免造成平淡的视觉感受。

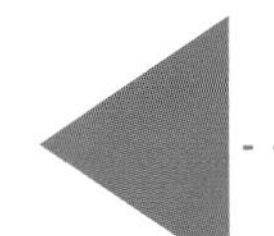

2.5 色彩性格

一、颜色搭配基础

1. 色相环

色相环是彩色光谱中所见的长条形的色彩序列，它让我们了解颜色之间的相互关系，成为我们选择颜色的一个强有力的工具。基础色相环由 12 种基本的颜色组成，包含三种不能由其他颜色混合而成的原色，即红、黄、蓝，原色混合产生二次色，即橙、绿、紫，二次色混合产生三次色。12 色色相环如图 2-15 所示。

2. 互补色

在色相环中相对的颜色就是互补色。如红色的互补色是青色，绿色的互补色是品红色。

3. 三色搭配原则

三色搭配原则是指一个设计作品中，色相不要超过三种，超过三种就会让人觉得界面眼花缭乱。在分析色彩

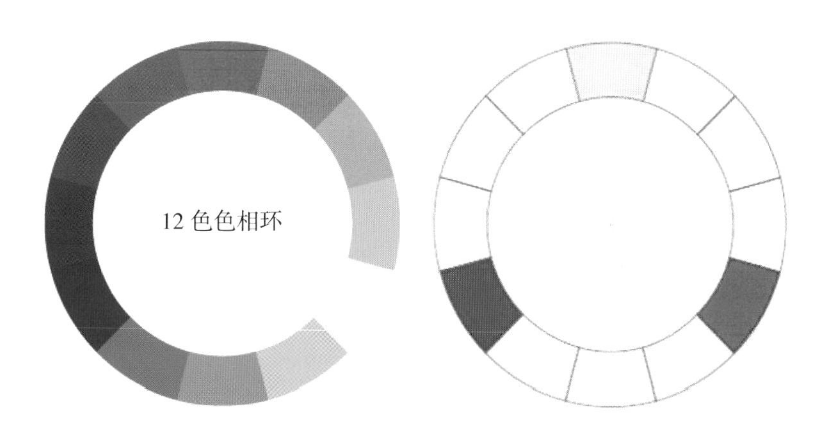

图 2–15　12 色色相环

搭配的时候，推荐使用在线色彩配置工具“Adobe Color CC”，该工具由 Adobe 公司发布。通过此工具，设计人员可以对类比色、三原色、互补色等进行快速选择，也可以调节色彩的明度等，提高工作的效率。Adobe Color CC 在线色彩配置工具如图 2–16 所示。

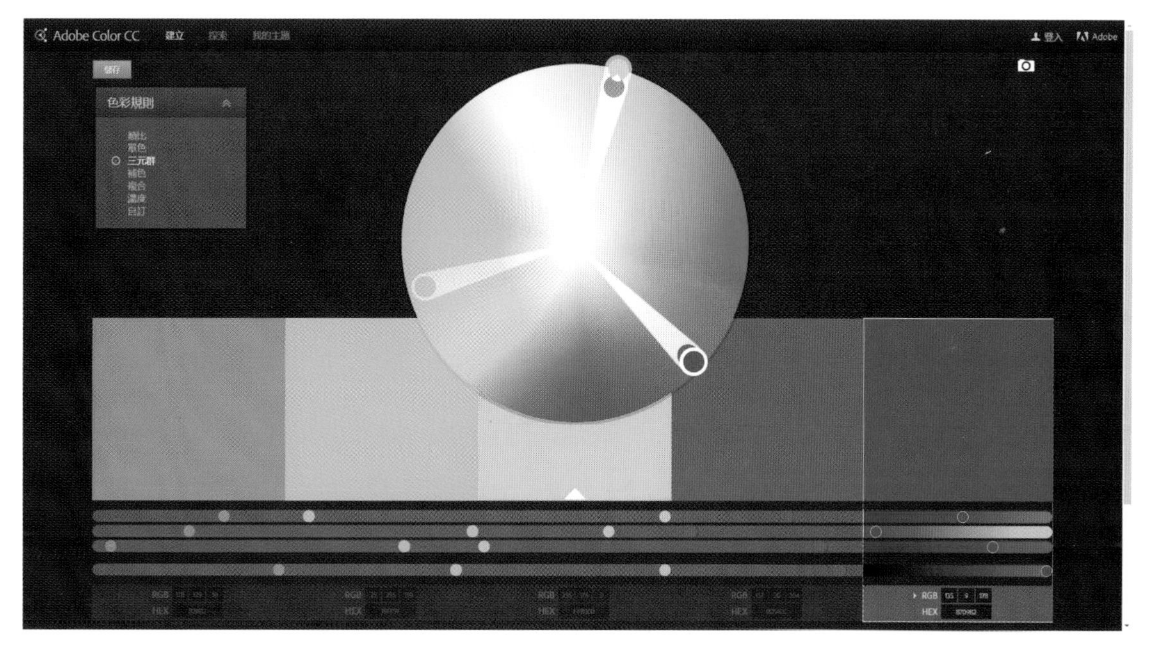

图 2–16　Adobe Color CC 在线色彩配置工具（网址：color.adobe.com）

二、颜色的性格

每一种颜色都有它的性格与寓意，色彩作为第一视觉语言，是人们初次接触事物产生的第一印象。适当地应用色彩能够增强图标 ICON 的感染力，提升产品的印象与感觉。不同的色彩具有各自特有的性格，以下简析各类产品中图标常用色彩的性格与特点。

1. 红色

红色是三原色之一，红色的纯度高、注目性好、视觉刺激作用大，是最强烈的色彩。红色是中华民族非常喜爱的颜色，它带给人们平安、喜庆、勇敢、兴旺的视觉感受。红色特别适用于购物类图标 ICON，一些产品为某一

图 2-17 红色购物图标

重要节日烘托热烈气氛时，会暂时改换为红色主题图标。红色购物图标如图 2-17 所示。同时，红色还具有警告的含义，在少部分杀毒类软件图标中也会使用。

2. 黄色

黄色作为暖色调的基准色彩之一，给人一种快乐、轻快、通透、辉煌、充满希望与活力的色彩印象。但黄色的明度较高，容易受到其他颜色的影响，色相稍微偏红、偏绿就会让人觉得是橙色或绿色，明度降低时就容易被认为是土色。通常的做法是保持纯度或略微提高明度，成为淡黄色，显得天真、娇嫩。黄色系应用图标如图 2-18 所示。

图 2-18 黄色系应用图标

3. 蓝色

蓝色是最冷的色彩，非常纯净，给人一种美丽、宁静、清洁、理智、安详与广阔的感觉，能使人产生对浩瀚宇宙、万里晴空、碧波海洋的联想；蓝色是自然界中最常见的色彩，几乎没有人对蓝色反感。天蓝，象征着自由、理想和希望；沉蓝，象征着诚实、信赖和权威；浅蓝，象征着舒适和放松；正蓝，给人带来坚定与智能，具有沉稳、理智、可信的心理感受。在图标 ICON 设计中，蓝色大多运用在科技类、政府类、金融类、信息类图标设计中。蓝色系应用图标如图 2-19 所示。

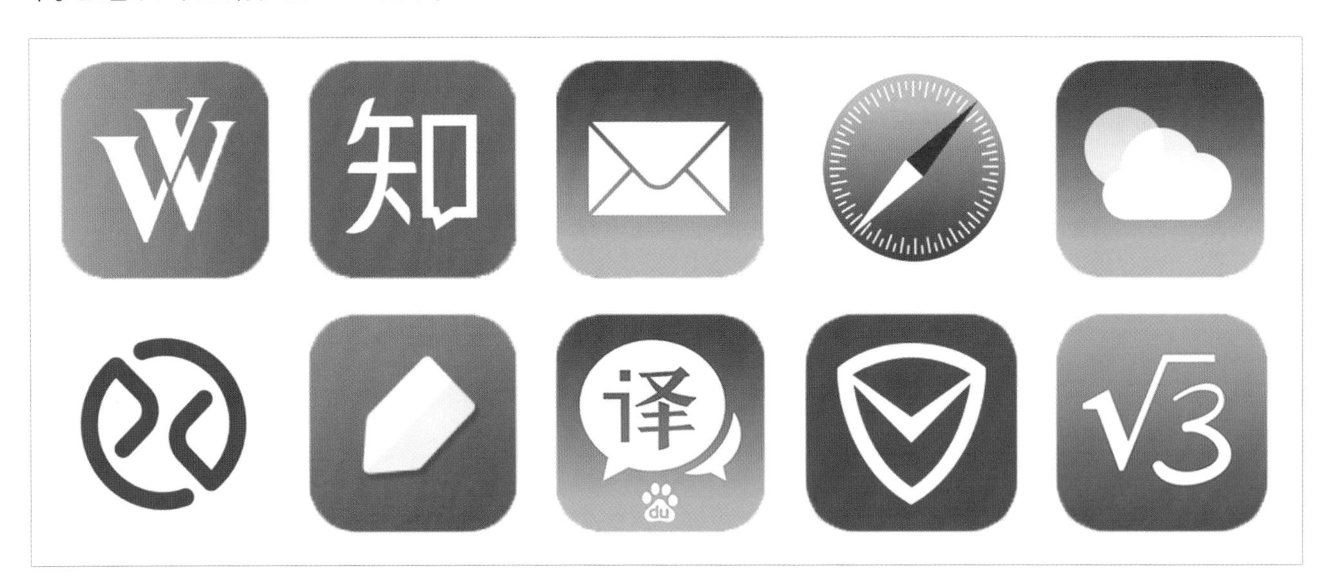

图 2-19 蓝色系应用图标

4. 橙色

橙色在色相环中介于红色与黄色之间，因此在色彩的性格方面不但同时具有红黄两色的特征，而且还具有亲切、开朗、活泼的感觉，有青春、阳光的特点。所以，橙色一般可以运用在专业类、工具类的应用中。橙色系图标如图 2-20 所示。

图 2-20　橙色系图标

5. 粉红色

粉红色是典型的女性色彩，表现了女性特有的温柔、甜美的特征，因此粉红色基本上是面向女性产品的专用色彩。粉红色系图标如图 2-21 所示。

图 2-21　粉红色系图标

6. 绿色

绿色是自然环境中的常见色彩，象征自由、和平、新鲜和舒适。黄绿给人清新、宁静、成长、轻快的感受。在色彩性格方面，绿色还具有和平、友善、善于倾听、不希望发生冲突的性格。所以，绿色不但常用于“微信”这样的聊天应用软件中，也常用在旅行类、环保类、健康类的应用软件之中。绿色系图标如图 2-22 所示。

图 2-22　绿色系图标

7. 黑色、白色、灰色

黑色、白色、灰色，具有鲜明的视觉特点，显得独树一帜，彰显个性。黑、白、灰具有冷峻感和权威感，但它们的色彩性格过于强烈，使得图标 ICON 的设计风格常使用简洁化的处理手法。

它们的不同在于，黑色是典型男性色彩，在男性类、商务类应用图标设计中黑色图标较多。白色干净、明快，和其他的颜色搭配显得十分安全，因此，各类图标都有使用白色作为底色的现象，而且在一些游戏类、照片滤镜的应用中使用较多。灰色可以呈现出丰富的过渡效果，具有细腻感和工业感，常用于系统类的图标。黑色、白色、灰色系图标如图 2-23 所示。

IdN
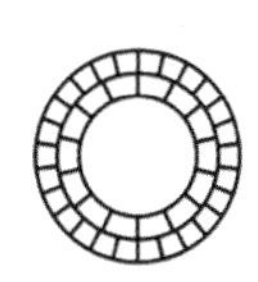

图 2-23　黑色、白色、灰色系图标

8. 三原色组合

红、黄、蓝三原色组合是科技公司最具代表的色彩。科技公司 LOGO 色彩分析图如图 2-24 所示。当把各种知名网站的 LOGO 与 CIS 系统以色彩分门别类，加以整理，我们发现，大部分网站及互联网企业的商标色彩都分布在红色系及蓝色系附近，具有很强的科技类公司的行业色彩，在图标 ICON 上使用红、黄、蓝三色（有时会提高明度），不但丰富了图标色彩，增添了视觉亲和力，而且还能暗示该产品的完整性和成熟度。三原色配色图标如图 2–25 所示。

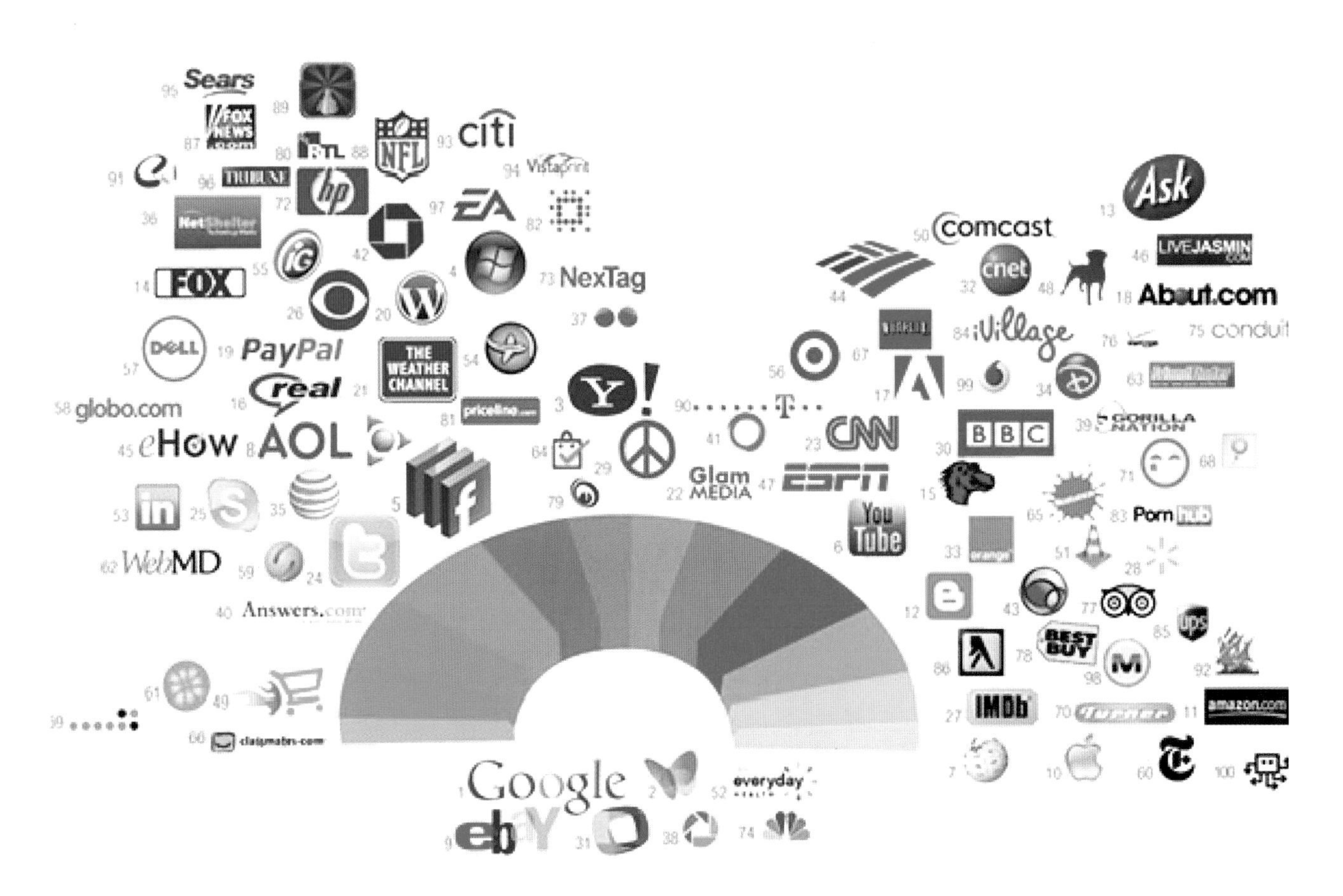

图 2–24　科技公司 LOGO 色彩分析图（来源：COLORlovers）

图 2–25　三原色配色图标

三、色彩选择的注意事项

色彩语言是通过其自身的斑斓来吸引受众群体，从而达到广泛传播的目的性语言。与图标 ICON 色彩的关系比较微妙的是，虽然如今技术上支持真彩色，但并不意味着标准的 256 色调色板的颜色都可以随意使用。这种局限，造成设计人员在设计图标 ICON 时，需要注意以下几个问题。

第一，我们在着手绘制 ICON 图标时，颜色尽量选择一些柔和的色彩，避免桌面由于设计的图标颜色过于鲜艳而显得嘈乱纷杂。

第二，我们在颜色的选择上最好保持在三种颜色以内（不包含黑、白两色）。这有利于保持图标外观效果的一致性，因为一旦超过三种颜色，设计者就很难把控，会出现花、不稳、脏乱的感觉。当然，这里所说的着色仅仅只是一个开始。

第三，一般依靠设计者的个人能力来控制图标 ICON 颜色的灰度，要尽量保持基调一致。

第四，控制图标 ICON 与背景墙纸的明暗距离，要注意突出两者间的主次关系。

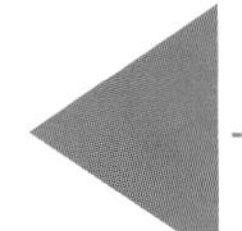

2.6 视觉传达

视觉语言是建立在人的生理与心理两个基本现象之上的，追求视觉效果，一定要遵循差异性、可识别性、统一性、协调性等原则。只有满足基本的功能需求，才可以考虑更高层次的要求——情感需求。微软公司 Windows 10 完全纯扁平化设计如图 2-26 所示。

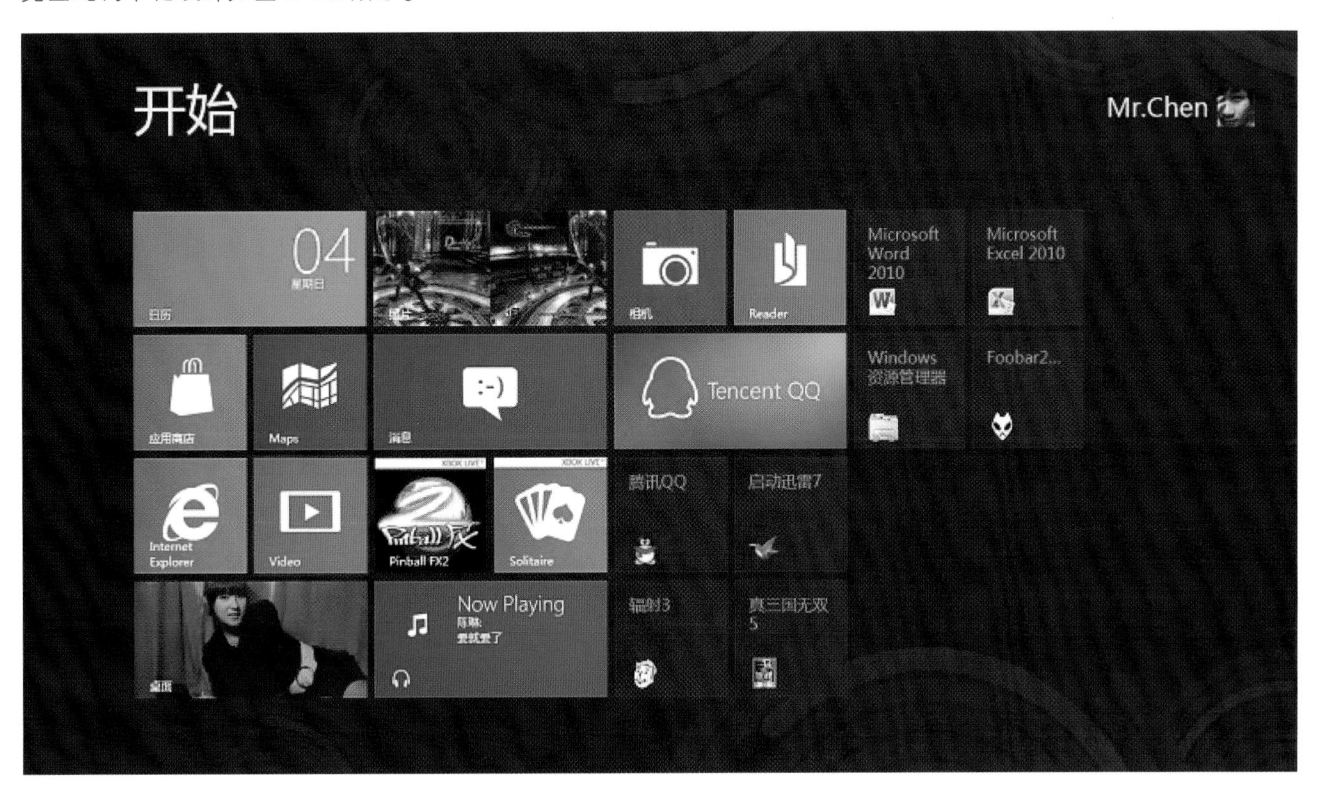

图 2-26　微软公司 Windows 10 完全纯扁平化设计

图标 ICON 的视觉语言在很大程度上取决于设计者的天赋、美感和艺术修养。好的图标 ICON 的价值在于它比文字更直观。

1. 明确的主题

有一个明确的主题设计，是每个设计者都必须遵从的准则。一个模糊不清、主题对象不明确的设计，会成为受众正确使用图标的阻力。模糊的主题会给用户混乱的感觉，甚至会引起视觉疲劳，让人无法集中注意力，让人无所适从。微软公司 1995 年创新产品，曾打算代替 Windows 3.X 界面，如图 2–27 所示。明确主题的信息图标能给受众带来便利。建立清晰、明确的主题来强化界面视觉，并将这种思维应用到实际开发中去，这将在很大程度上提高用户体验。松鼠——点小融主题图标如图 2–28 所示。

图 2–27　微软公司 1995 年创新产品，曾打算代替 Windows 3.X 界面

图 2–28　松鼠——点小融主题图标（来源：小米主题商店　设计师：点融网）

2. 提升熟悉度

提升熟悉度有两种方式，第一种方式是结合受众群体的心理来提升信息图标的品质，第二种方式是结合受众群体的生理来提升信息图标的品质。前者通过调查不同的人群来设计某款特殊主题的图标 ICON，后者通过受众群体的生活习惯、经历、生存环境、爱好来设定图标 ICON 的体验习惯。这里需要注意的是，无论是图标外观还是体验习惯，都是为了更好地提升熟悉度。

3. 元素的加法、减法

图标 ICON 不同于一般的图形，它要求有强烈的视觉识别。图标 ICON 的出现与存在的价值根源，是如何让受众获得更好的体验，从这个角度考量，形式美并非关键，而能不能准确地被识别才是第一目标。掌握好设计元素的加法、减法就是为了让图标 ICON 的功能性更加一目了然。但目前很多设计人员在设计时，常常忽略了这一点，如主题的注入仅仅只是为了装饰，有的连装饰都不算，或者是设计出来的图标 ICON 与固态操作键没什么关联等。图标 ICON 一旦设计出来成为范例，就意味着它的地位不可动摇，试图改变原本的设计，就相当于全盘否定受众对以往的记忆认知，这有相当大的风险。

元素的加法使用不好，就会适得其反。同样，减法也是如此。如果图标 ICON 过分简洁，就会直接导致受众无法理解。对大众认可的图标进行再设计时，可以保留部分元素，以达到唤起受众群体记忆的目的。这种方式不仅满足了不断更新的产品升级，也符合新一代客户群体的视觉感受，使得新老客户对产品都能产生再次使用的欲望。图 2-29（a）所示为 Microsoft Edge 图标，图 2-29（b）所示为“自带环绕轨道”的 IE LOGO。

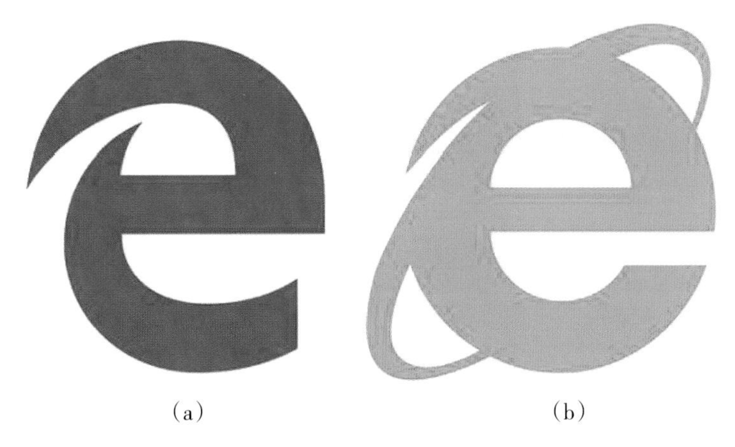

（a）　（b）

图 2-29　图标更新示例

4. 增加美观度

顾名思义，美观度就是使图标 ICON 变得好看起来。而质感是提高美观度的一个非常重要的武器，较常见的有金属质感、水晶玻璃质感、涂鸦纸质感、亚光质感等。美好的事物总是让人心神向往，而增加美观度是让设计师设计出来的信息图标成为美好事物的关键。

5. 整体需保持一致

在图标 ICON 设计的过程中，一致性尤为重要。整套信息图标的呈现，无论是颜色的搭配，还是图形元素的绘制，都需要保持高度的一致性。从受众的角度来思考问题，只有统一的风格，才不会让用户产生错愕的感觉。例如，设计者往往会选择自己喜欢的主题来设计一整套信息图标，但总有那么一两个图标不招人喜欢，有的是因为颜色搭配不够系列，有的是因为构图或构思不够优秀。这其实就是对整套图标设计的不慎重。因此，为了避开这样的不完美，我们需要做的是保持高度的一致性，对于极其个别的信息图标，当再次改良时，需要的依然是慎重再慎重，如图 2-30 所示。

图 2–30　苹果公司 iPad 整体设计

本章小结

本章主要讲解有关图标 ICON 的设计基础，其中包括创意思维、符号与图形的表达、拟物化与扁平化风格、色彩的选择与性格特点等。

复习思考题

1. 以身边的一个物体，比如钥匙、书包等作为创意原点，进行创意思维的练习。
2. 简述拟物化与扁平化风格的区别，以及各自的优缺点。

第 3 章

图标 ICON 设计尺寸与规范组建

TUBIAO ICON SHEJI CHICUN YU GUIFAN ZUJIAN

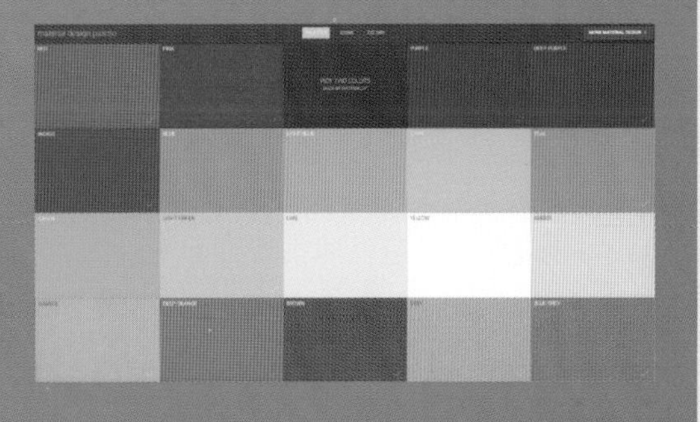

iOS 和 Android 系统的各个版本发布时，官方都会给予对应的设计规范文档，如图 3–1 所示。在这些规范的基础上，设计公司和团队针对项目需求还要建立自己的设计工作规范。这样做的好处是：对外，之后的版本更新有了依据，可以最大限度地保证产品的视觉统一，形成良好的稳定性和延续性；对内，在多人协同工作时有了设计的依据，提高项目工作效率，避免了各自设计尺度的不一致，降低了沟通成本。

这些规范组建一般包括尺寸与单位的规范、颜色规范、字体规范、各系统图标设计规范等，下面分别介绍。

图 3–1　iOS 和 Android 规范文档官方网站

iOS 规范文档网址：https：//developer.apple.com/design/cn/

Android 规范文档网址：https：//developer.android.com/design/index.html

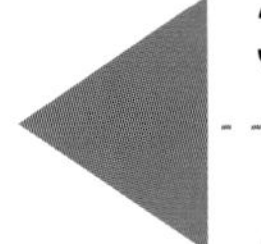

3.1 屏幕尺寸与图像单位

一、屏幕尺寸

英寸（inch）也称为“吋”，目前屏幕的尺寸多以它作为尺寸单位（屏幕斜对角线的长度），其换算的方式为：1 英寸 =2.539 999 918 厘米，约等于 2.54 厘米。

以笔记本电脑为例，超轻薄机型大都采用 14 英寸以下的屏幕尺寸，而 14 英寸和 15 英寸则是注重性能与便携性的机型较常采用的屏幕尺寸，超过 15 英寸的屏幕则定位在大型游戏笔记本电脑，如图 3–2 所示。

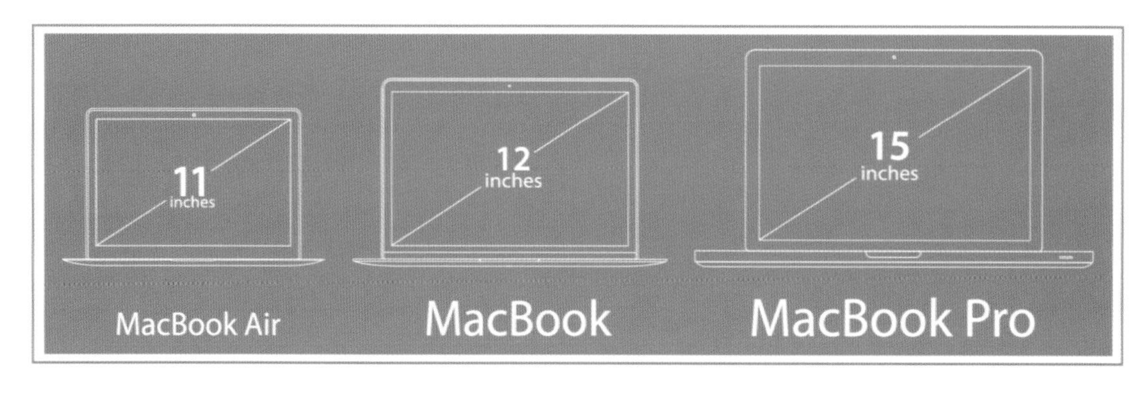

图 3–2　苹果系列笔记本电脑屏幕尺寸

对于智能手机而言，常见屏幕尺寸有 3.5 英寸、4.0 英寸、4.7 英寸和 5.5 英寸，其中 3.5 英寸是乔布斯认为的人类单手持设备的最佳尺寸。但随着时代的变化，人们对智能手机的需求从简单的使用拓展为信息获取和娱乐的媒介，于是大尺寸智能手机流行起来，如图 3–3 所示。

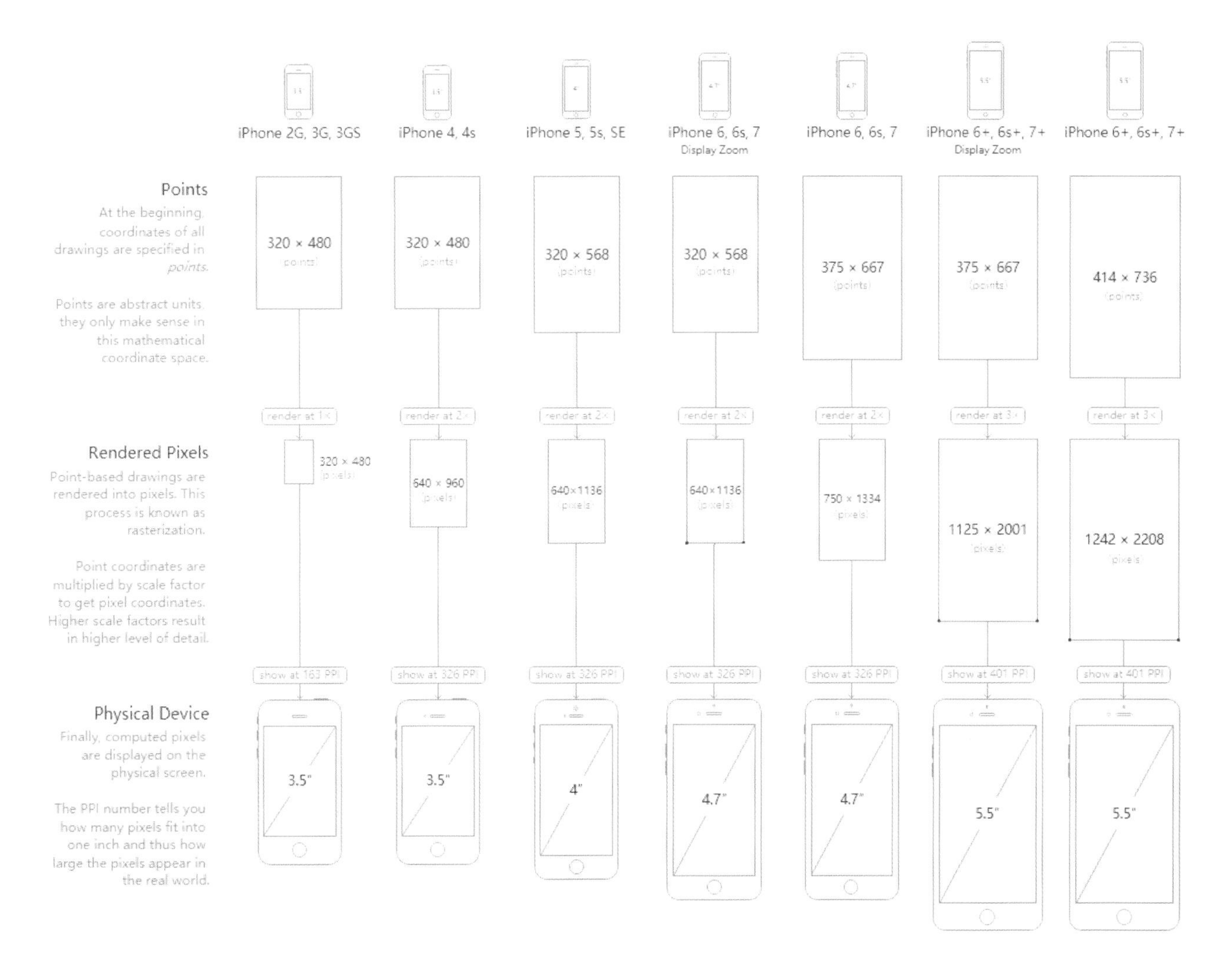

图 3–3　苹果公司 iPhone 系列手机屏幕尺寸

二、图像单位

1. 像素与分辨率

在由一个数字序列表示的图像中的最小单位，称为像素（pixel）。如果我们仔细观察显示屏，可以看见其中的图像是由一个个小点组成的，这些小点就是像素点。

分辨率（resolution）是指屏幕像素的数量，一般用屏宽像素数乘以屏高像素数表示。iPhone 6 的屏幕分辨率描述为 750 像素 × 1334 像素，即 iPhone 6 的屏幕由 750 列和 1334 行的像素点排列组成。每个像素点发出不同颜色的光，构成我们所看到的画面，因此密度越高图像越清晰，反之图像的颗粒感越强，越模糊。而对于智能手机屏幕而言，影响图像清晰度的参数是由网点密度与像素密度决定的。

2. 网点密度与像素密度

网点密度（DPI）早期主要用于纸质媒介时代的印刷领域，一般网点密度越高，印刷效果越精细，比如在打印时设置分辨率为 96DPI，那么打印机在打印过程中，每英寸打印 96 个点（dot）。随后这个概念引入到 PC 时代的

Windows 系统，Windows 系统的默认 DPI 为 96。

像素密度（PPI）常用于描述“屏幕显示”，表示每英寸像素点的数量。在 Photoshop 中设定某图像的分辨率为 72PPI，那么，当图片对应到现实尺度中，屏幕将以每英寸 72 个像素点的方式来显示，如图 3-4 所示。显示屏幕的 PPI 数值越大，画面看起来就越细腻。

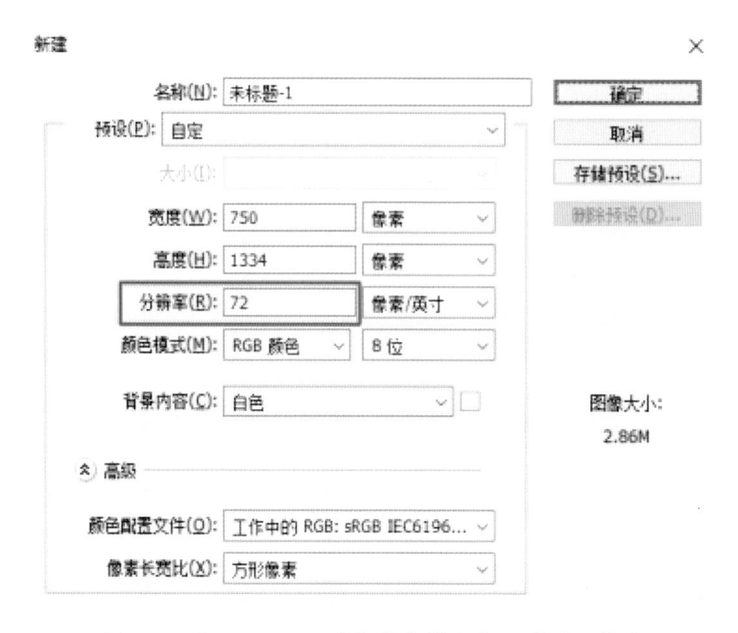

图 3-4　在 Photoshop 中调整分辨率为 72 像素 / 英寸

手机屏幕的网点密度 DPI 的数量表示屏幕上每英寸可以显示的像素点的数量，但现实中，常使用像素密度 PPI 来描述屏幕。例如，iPhone 3GS 的屏幕像素是 320 像素 ×480 像素，iPhone 4S 的屏幕像素是 640 像素 ×960 像素。两款手机屏幕的物理尺寸都是 3.5 英寸，但像素密度不一样。iPhone 4S 的视网膜屏幕把 2×2 个像素当 1 个像素使用。所以，屏幕生产工艺越高，每英寸就能容纳越多的像素点，显示效果越精细，如图 3-5 所示。

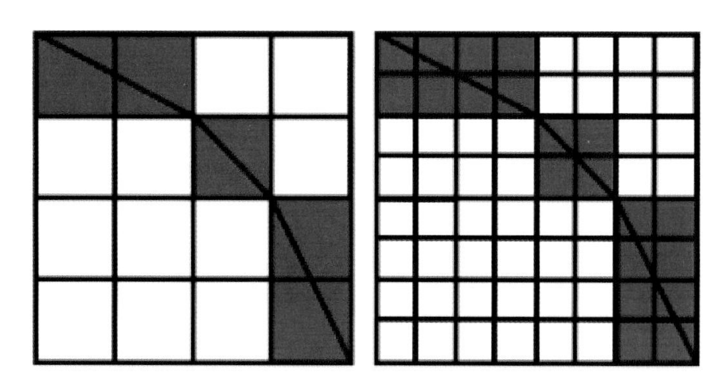

图 3-5　视网膜屏幕使细节显示更加精细

三、像素对齐

图标像素是否对齐影响着图标的显示效果及最后给人的视觉感受，因此，在进行图标绘制时，我们需要对图标边缘进行像素对齐操作。当然，也并非所有的手机屏幕都需要像素对齐，比如 iPhone 6 Plus 的屏幕就无法进行像素对齐，如图 3-6 所示。

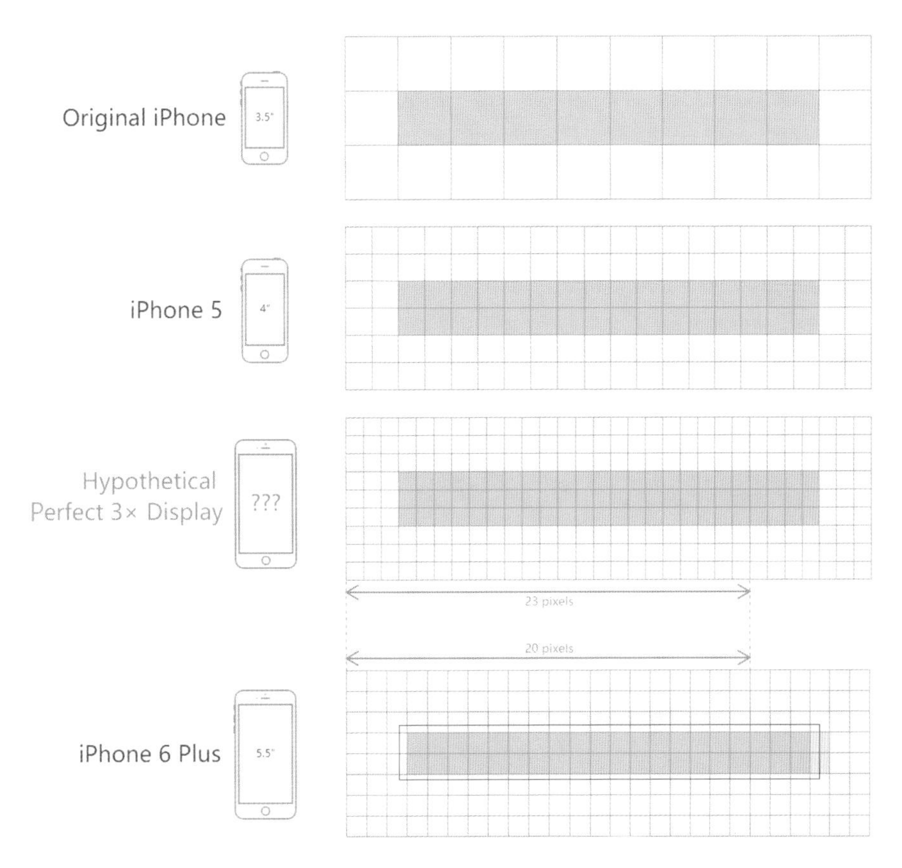

图 3–6　iPhone 6 Plus 的屏幕无法进行像素对齐

在 Photoshop 中可以进行像素对齐，具体方法如下。

方法一：打开“属性”面板，可以看到所选择的路径的大小以及位置等属性，如图 3–7 所示。没有对齐像素网格的路径，其位置有小数点。设置路径大小为偶数，位置保持整数即可。

方法二：在 Photoshop CC 中选择“直接选择工具”，可以看到菜单上有“对齐边缘”复选框。勾选后，路径边缘可以自动对齐，如图 3–8 所示。

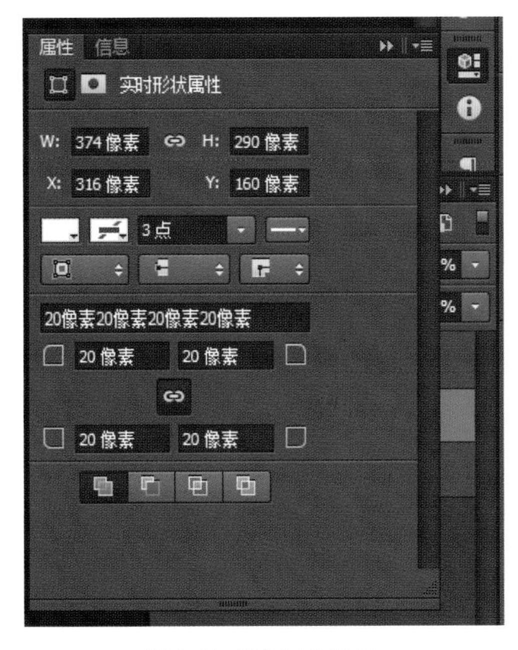

图 3–7　路径属性设置

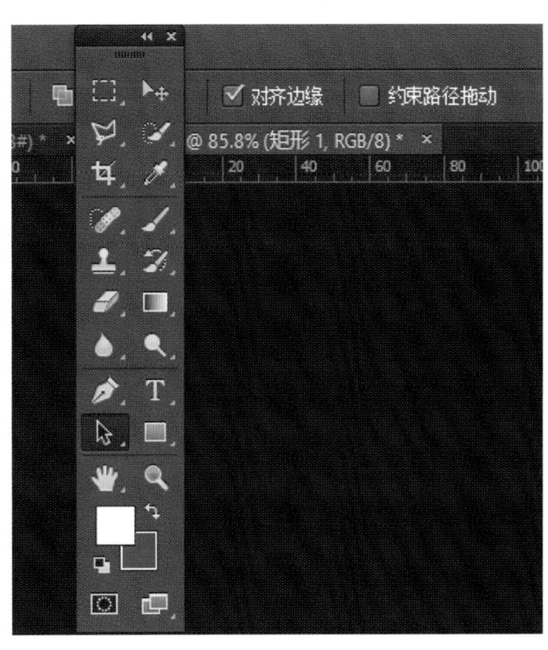

图 3–8　勾选“对齐边缘”

方法三：可以通过主菜单中的“编辑 > 首选项 > 常规”命令或者快捷键“Ctrl+K”打开“首选项”对话框，勾选“将矢量工具与变化和像素网络对齐”复选框，如图 3-9 所示。这样，新建的文件中对象默认保持与像素对齐。

首选项
常规
界面
同步设置
文件处理
性能
光标
透明度与色域
单位与标尺
参考线、网格和切片
增效工具
文字
拾色器(C): Adobe
HUD 拾色器(H): 色相条纹（小）
图像插值(I): 两次立方（自动）
选项
自动更新打开的文档(A)
完成后用声音提示(D)
动态颜色滑块(Y)
导出剪贴板(X)
使用 Shift 键切换工具(U)
在置入时调整图像大小(G)
带动画效果的缩放(Z)
缩放时调整窗口大小(R)
用滚轮缩放(S)
将单击点缩放至中心(K)
启用轻击平移(F)
根据 HUD 垂直移动来改变圆形画笔硬度
在置入时始终创建智能对象(J)
将矢量工具与变化和像素网格对齐
历史记录(L)
将记录项目存储到: 元数据(M)
文本文件(T) 选取(O)...
两者兼有(B)
编辑记录项目(E): 仅限工作进程
复位所有警告对话框(W)
确定
取消
上一个(P)
下一个(N)

图 3-9 勾选“将矢量工具与变化和像素网络对齐”

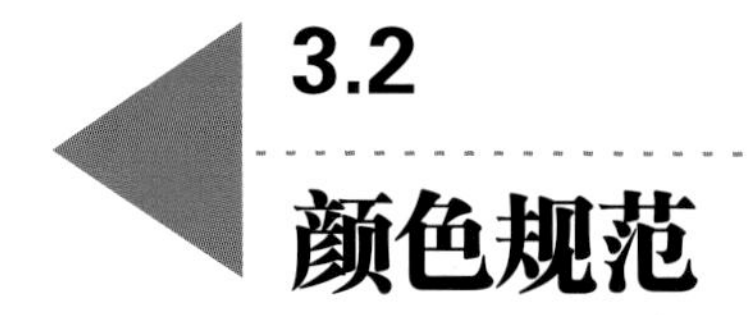

3.2 颜色规范

一、HSB 颜色模式

打开 Photoshop 的颜色窗口，可以看到的颜色模式包括 CMYK、Lab、HSB、RGB、十六进制颜色、Web 颜色等六种，如图 3-10 所示。通常，在移动界面设计领域推荐使用 HSB 颜色模式进行颜色分析与选取。

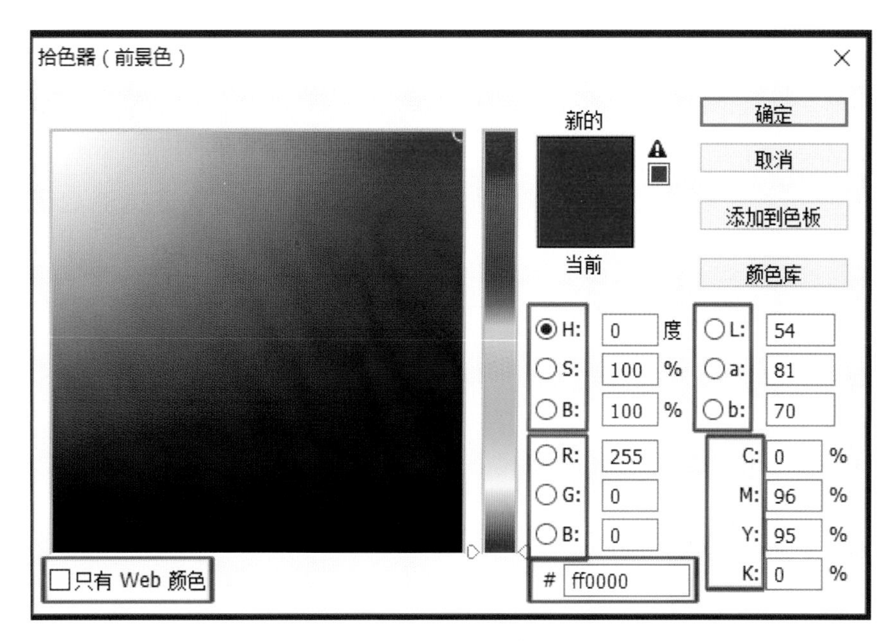

图 3–10　Photoshop 颜色窗口

HSB 颜色模式是通过色相、饱和度和明度三个元素来表达色彩的。

- 色相——色彩的相貌，用来区分不同的颜色。
- 饱和度——色彩的鲜艳程度。颜色的饱和度越高，色彩越鲜艳。
- 明度——色彩的明暗程度，即深浅程度。明度越低，越接近黑色；明度越高，越接近白色。

HSB 颜色模式中 S 和 B 的数值越大，饱和度和明度越高，色彩越艳丽，视觉的刺激越强烈，如图 3–11 所示。

图 3–11　HSB 色彩原理图

RGB 编码的 3 个数字分别代表红色、绿色和蓝色的色值。HSB 编码的 3 个数字分别代表色相、饱和度和明度。在设计时，可以保持色相 H 值不变，有规律地调整饱和度 S、明度 B 即可选择我们需要的颜色。

二、常用色彩分析与选择

1. iOS 常用色彩

在 iOS Human Interface Guidelines（iOS 人机界面指南）文档中给出了 8 种颜色作为色彩的参考，如图 3–12 所示。这 8 种颜色经过反复试验，无论组合还是单独使用，显示效果都非常出色，因此在设计的过程中，可以使用这 8 种颜色作为基准色，再进行分析与选择。

2. 谷歌系列产品常用色彩

Google 在 2014 年 Google I/O 大会上发布了 material design 设计规范，明确了 Google 日后的设计方向，如

图 3–12　iOS Human Interface Guidelines 8 种参考颜色

图 3–13 所示。其最大的特色是使用大面积色块，进行大胆的配色，利用动画让接口更生动活泼。因此，设计人员可以使用这样的在线工具进行色彩的搭配。

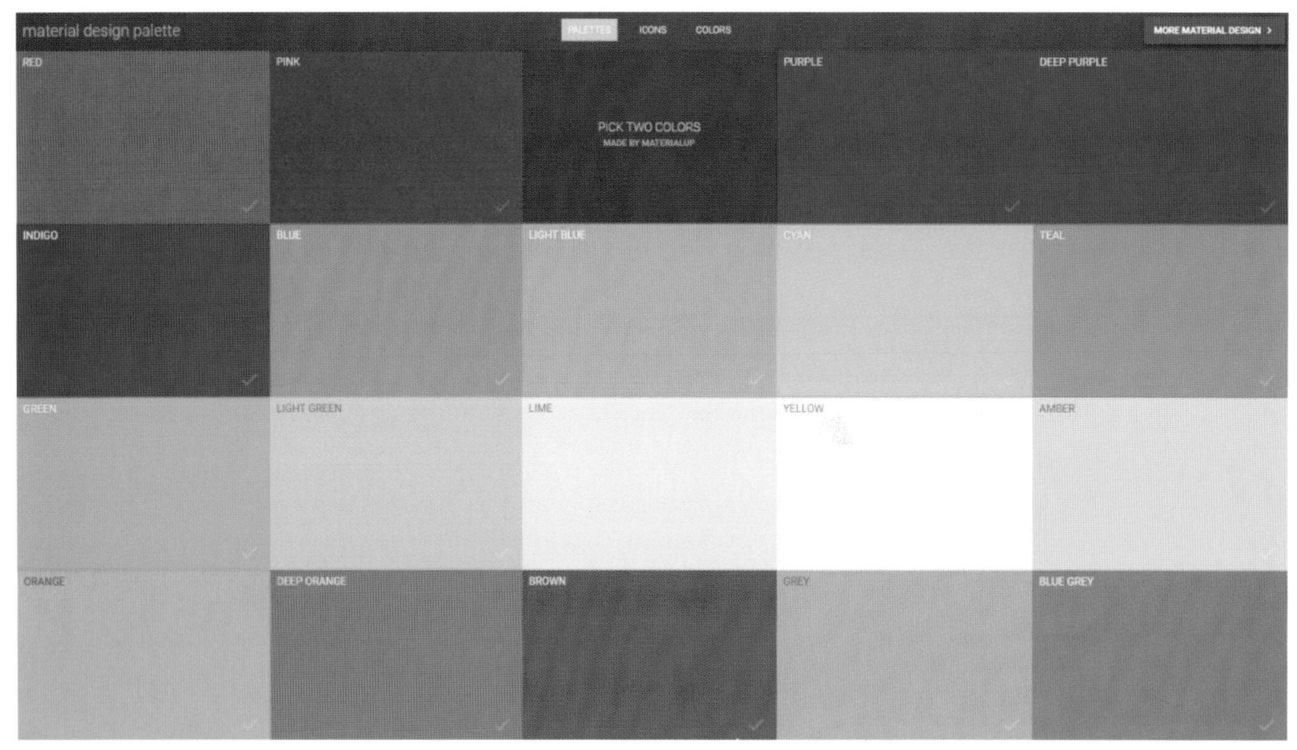

图 3–13　谷歌发布配色方案

网站链接：http：//www.materialpalette.com/

开启 Material Palette 网站 http：//www.materialpalette.com/ 后，任意选择两种颜色，就会自动搭配并显示在结果页面的预览图里，如图 3–14 所示。这时候我们可以判断颜色是不是自己所喜欢的，也可以继续单击左边的色块来选择其他配色选项。

Material Palette 除了提供颜色的大方向供使用者选择、测试外，也会提供更深、更浅的颜色组合，以及用于图示、分隔线、主要文字、次要文字等的配色建议。

如果想保留当前的调色盘配色组合，单击“Download”后会出现许多格式，包括 CSS、SASS、LESS、SVG、XML、PNG 和 POLYMER。同时，也可以把它推送到 Twitter。

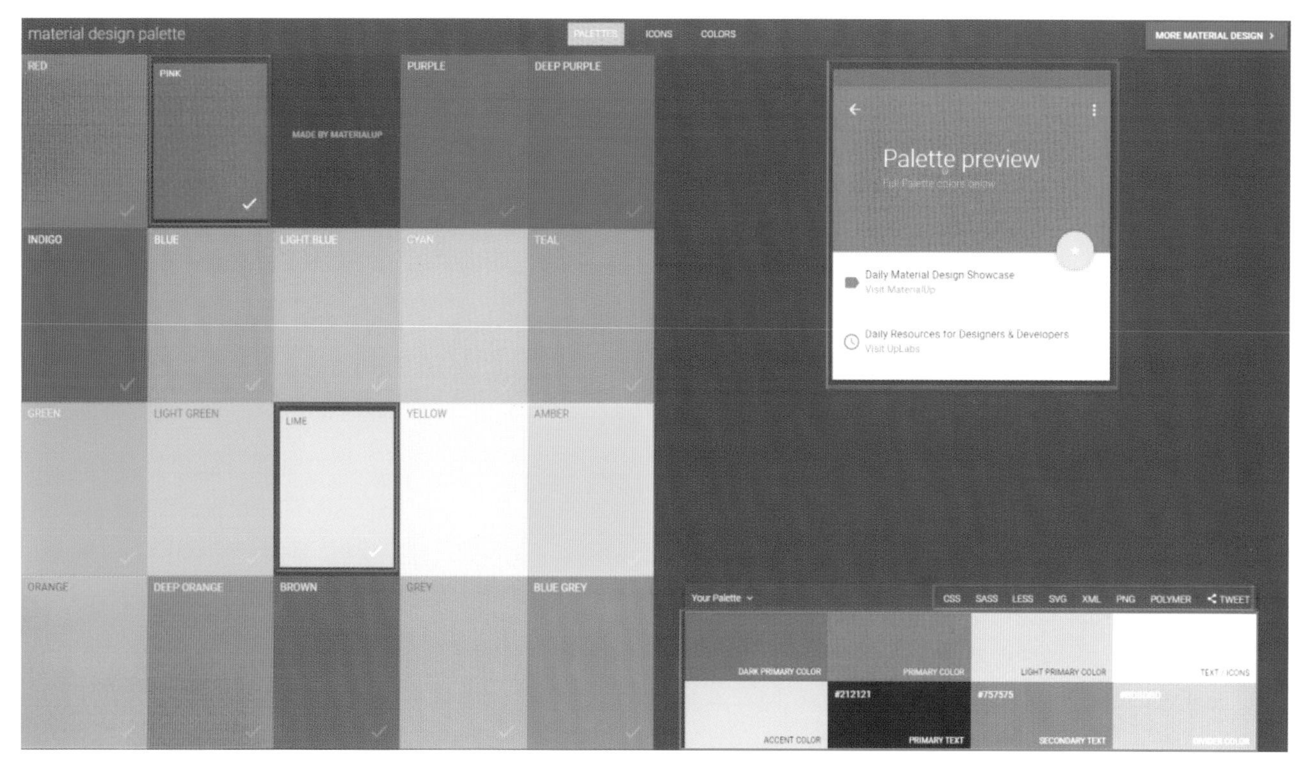

图 3–14　选择两色之后会分别给予预览效果、配色方案以及下载方式

3.3 字体规范

一、有衬线体和无衬线体

在多媒体界面设计领域，字体被划分为有衬线体（serif）和无衬线体（sans–serif）。有衬线体的特征在于，横竖笔画有明显的粗细之分，且笔画始末的地方有额外的装饰，比如“宋体”，一般适合用于大面积的正文文字。而无衬线体笔画粗细基本一致，强调的是单个字母或文字，如“黑体”，无衬线体容易造成字母辨识的困扰，常会发生来回重读及上下行错乱的情形。因此，无衬线体适合用于标题之类需要醒目且又不被长时间阅读的地方，如图 3–15 所示。

有衬线体　　无衬线体

进击的图标　　进击的图标

图 3–15　有衬线体和无衬线体

二、系统字体

1. iOS 系统

iOS 8 系统的中文字体为“Heiti”，英文和数字字体为“Helvetica Neue”，iOS 9 系统的中文字体为“苹方”，英文和数字字体为“San Francisco”。（目前苹果公司发布的 iOS 11 预览版本字体使用没有变化。）

在实际设计中，设计师使用 Photoshop，中文字体可选择“黑体－简”或“Heiti SC”字体，这是与 iOS 系统中的实际效果最接近的字体。英文字体可选择“Helvetica Neue”字体。

2. Android 系统

Android 4.X 系统的中文字体为“Droid Sans Fallback”，包含了东亚字符（繁体中文、简体中文、韩文、日文），英文字体为“Roboto”。

Android 5.0 系统的中文字体为“思源黑体”。

虽然 Android 系统目前已经更新到 7.0 版本，但因为 Android 的开源性，各个手机厂商都在此基础上重新设计了自己的系统界面效果，造成设计人员并不完全遵照原生系统开发，而是在使用 Photoshop 软件进行实际设计时，中文字体选择“方正兰亭黑”字体，英文字体选择“Roboto”字体。

三、系统字号

系统字号规范比较烦琐，在项目组中，程序开发用的字号是 Pt 单位，设计人员在软件中使用的是 px 单位，于是需要换算后才能统一，如图 3-16 所示。而在不同的系统中，iOS 系统设计中用 PX 标注字号，Android 系统设计却使用 SP 标注字号。例如，Android 设计稿的设计尺寸为 720 像素 × 1280 像素，这个在 Android 分辨率的分类中称为 XHDPI，在这个尺寸下 2PX 等于 Android 中的 1DP，这个时候 1DP=1SP，36PX 的文字可标注为18SP。

iOS 字体大小		PS 字体大小
5(5pt)	==(5/72)×96=6.67=6px	12(PX)
5.5	==(5.5/72)×96=7.3=7px	14
6.5	==(6.5/72)×96=8.67=8px	16
7.5	==(7.5/72)×96=10px	20
9	==(9/72)×96=12px	24
10.5	==(10.5/72)×96=14px	28
12	==(12/72)×96=16px	32
14	==(14/72)×96=18.67=18px	36
15	==(15/72)×96=20px	40
16	==(16/72)×96=21.3=21px	42
18	==(18/72)×96=24px	48
22	==(22/72)×96=29.3=29px	58
24	==(24/72)×96=32px	64
26	==(26/72)×96=34.67=34px	68
36	==(36/72)×96=48px	96

图 3-16 字号换算参照表

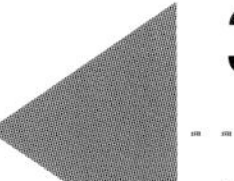

3.4 苹果 iOS 图标规范

1. App 图标

App 图标指应用图标，图标尺寸为 120 像素 × 120 像素。如果是游戏类应用，这个图标会被用在 Game Center。由于 iOS 应用图标是由系统统一切圆角的，所以设计的时候直接设计成方形图标即可。设计时可根据需要做出圆角供展示使用。图 3–17 所示是 iOS 图标圆角参考表。

图标尺寸	圆角
57 像素 × 57 像素	10 像素
114 像素 × 114 像素	20 像素
120 像素 × 120 像素	22 像素
180 像素 × 180 像素	34 像素
512 像素 × 512 像素	90 像素
1024 像素 × 1024 像素	180 像素

图 3–17　iOS 图标圆角参考表

2. App Store 图标

App Store 图标是指上传至应用商店的应用图标，尺寸为 1024 像素 × 1024 像素。为了吸引用户，可增加更多的设计细节。不过基于效率考虑，一般与 App 图标的设计保持一致。此时的图标需要设计圆角，圆角像素为 180，如图 3–18 所示。

描述	iPhone 6 Plus（@3x）	iPhone 6 and iPhone 5（@2x）	iPhone 4S /4/iPod touch (@2x)	iPad and iPad mini (@2x)	iPad 2 and iPad mini（@1x）
应用程序图标（应用程序所需的所有）	180 x 180	120 x 120	120 x 120	152 x 152	76 x 76
为App Store（应用程序所需的所有应用程序图标）	1024 x 1024	1024 x 1024	1024 x 1024	1024 x 1024	1024 x 1024
启动影像（所有的应用程序所需的）	设计版：1242 × 2208 物理版：1080 × 1920	iPhone 6: 750 × 1334 iPhone 5: 640 x 1136	640 x 960	1536 x 2048 (纵向) 2048 x 1536 (横向)	768 x 1024 (纵向) 1024 x 768 (横向)
Spotlight搜索结果图标（推荐）	120 x 120	80 x 80	80 x 80	80 x 80	40 x 40
设置图标（推荐）	87 x 87	58 x 58	58 x 58	58 x 58	29 x 29
工具栏和导航栏图标（可选）	约 66 x 66	约 44 x 44	约 44 x 44	约 44 x 44	约 22 x 22
标签栏图标（可选）	About 75 x 75 (maximum: 144 x 96)	约 50 x 50 (最大: 96 x 64)	约 50 x 50 (最大: 96 x 64)	约 50 x 50 (maxi最大 mum: 96 x 64)	约 25 x 25 (最大: 48 x 32)
默认报刊亭为App Store图标（书报亭应用程序所需）	至少为 1024 像素的最长边	至少为 1024 像素的最长边	至少为 1024 像素的最长边	至少为 1024 像素的最长边	至少为 512 像素的最长边
网页剪辑图标（推荐的Web应用程序和网站）	180 x 180	120 x 120	120 x 120	152 x 152	76 x 76

图 3–18　iOS 系统中各个机型不同图标的尺寸参数（单位：像素）

3. 标签栏导航图标

标签栏导航图标是指底部标签导航栏上的图标，图标设计尺寸为 50 像素 × 50 像素。

4. 导航栏图标

导航栏图标是指分布在导航栏上的功能图标，图标设计尺寸为 44 像素 × 44 像素。

5. 工具栏图标

工具栏图标是指底部工具栏上的功能图标，图标设计尺寸为 44 像素 × 44 像素。

6. 设置图标

设置图标是指在列表式的表格视图中左侧的功能图标，图标设计尺寸为 58 像素 × 58 像素。

7. Web Clip 图标

Web Clip 图标一般是指为 Web 小程序或者网站定制的图标。用户可以把 Web Clip 图标直接放在桌面上，单击图标即可直接访问网页内容。图标设计尺寸为 120 像素 × 120 像素。

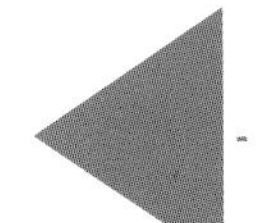

3.5 谷歌 Android 图标规范

图标尺寸	圆角
48 像素 × 48 像素	8 像素
72 像素 × 72 像素	12 像素
96 像素 × 96 像素	16 像素
144 像素 × 144 像素	24 像素
192 像素 × 192 像素	32 像素
512 像素 × 512 像素	90 像素

图 3-19　Android 图标圆角参考表

1. App 图标

App 图标是指应用图标，在 Android 系统里也称为 Launcher 图标，图标尺寸为 48 像素 × 48 像素。不同于 iOS 系统，Android 系统不提供统一的切圆角功能，因此设计出的图片必须是带上圆角的，如图 3-19 所示。以 144 像素 × 144 像素为例，圆角可使用 24 像素。

2. 操作栏图标

操作栏图标一般是用在导航栏上或者工具栏上的图标，是图形化按钮。它们代表了用户在应用程序中最重要的操作。每个操作栏图标都应该使用一种简单的隐喻来表现大部分用户一看就能理解的单一概念。图标设计尺寸为 32 像素 × 32 像素，安全范围为 24 像素 × 24 像素。图 3-20 所示为操作栏图标。

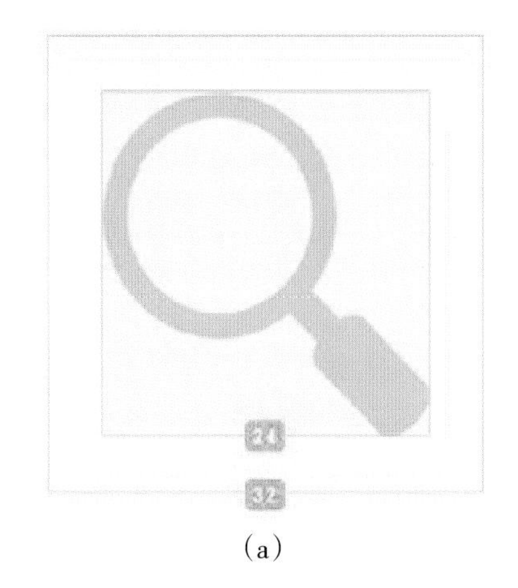

（a）

（b）

图 3-20　操作栏图标

3. 情境图标

情境图标是指在应用程序中使用小图标凸显操作，并表示特定项目的状态。

4. 通知图标

通知图标是指如果应用程序产生通知，要提供一个收到新通知时可以显示在状态栏的图标，通知图标必须全部是白色。图标设计尺寸为 24 像素 × 24 像素，安全范围为 22 像素 × 22 像素，如图 3–21 所示。

屏幕大小	启动图标	操作栏图标	上下文图标	通知图标(白色)	最细笔画
320px × 480px	48px × 48px	32px × 32px	16px × 16px	24px × 24px	不小于 2px
480px × 800px、480px × 854px、540px × 960px	72px × 72px	48px × 48px	24px × 24px	36px × 36px	不小于 3px
720px × 1280px	48dp × 48dp	32dp × 32dp	16dp × 16dp	24dp × 24dp	不小于 2dp
1080px × 1920px	144px × 144px	96px × 96px	48px × 48px	72px × 72px	不小于 6px

图 3–21　Android 系统不同分辨率下图标尺寸规范

本章小结

本章主要介绍图标 ICON 的设计尺寸，以及苹果公司 iOS 系统与谷歌公司 Android 系统的规范组建。

复习思考题

1. 思考为什么要以 iPhone 6 为尺寸参考进行设计。
2. 如何避免设计制作时出现的像素虚化?
3. 苹果公司 iOS 系统与谷歌公司 Android 系统的图标规范的区别是什么?

第 4 章

图标 ICON 设计过程与工具

TUBIAO ICON SHEJI GUOCHENG YU GONGJU

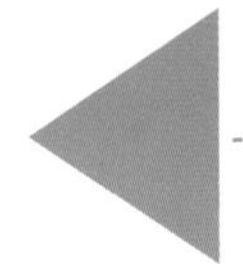

4.1 图标 ICON 的设计过程

一、图标 ICON 的学习方法

1. 临摹学习

初学图标 ICON 的同学可以先从临摹开始，因为临摹是非常有效的入门方法，但不要盲目临摹，要找到适合自己的作品，带有目的性，边思考边临摹。临摹的过程中不要参照原作的 PSD 源文件，要最大限度地还原作品的原貌。通过临摹，初学者可以学会表现的技能，同时可以提升自身的设计感觉。图 4–1 所示为临摹的日历架。

图 4–1　临摹的日历架（来源：UI 中国）

2. 借鉴学习

借鉴从某种意义上属于“拿来主义”的范畴，通过借鉴设计可以快速而准确地完成，从而提升设计的效率。一般借鉴的方法主要有：①结合产品特点在同类行业的设计中借鉴；②在其他行业的设计中借鉴；③从生活中的艺术美学借鉴。比如在商业展示空间中发觉各种产品特有的造型，在绘画中发觉各种艺术的处理手法，在摄影中发现特殊的视觉效果，如图 4–2 所示。这些跨界的灵感，都可以抽象出来作为设计灵感。

而对于大家认同的图标设计，比如“浏览器”类型的图标 ICON，在重新设计的时候应该遵循之前的设计样式，只是在图形的细节或色彩上做局部的变化。

图 4-2　番茄摄影（来源：李寒川）

3. 创新设计

创新是设计的灵魂，是设计的本质要求。创新设计是以新技术、新材料、新模式为前提，考虑用户需求而设计出具有新理念和新思维的活动，也是对视觉语言的创新与表现方法的实践。

创新设计是学习过程中最难达到的。任何创新，都是在大量的实践练习和经验积累的基础上，以对行业与事物的深入认识为前提，以谦卑的心并持有工匠精神，独出心裁地产生的，如图 4-3 所示。

图 4-3　各类浏览器图标 ICON

二、运用好思维方法与思维工具

在信息爆炸的时代，人们获取信息的手段更加便捷，于是出现了以信息作为结论来替代我们的思考的现象。对于设计人员而言，这是一个非常危险的误区，当信息和科技编程成为唾手可得的商品时，设计思维变得更加重要。因此，设计师需要通过掌握有效的思维方法来整合信息，从而提升自我的创新能力，掌握价值的核心。以下介绍两种有效的思维方法和两种便捷的思维工具。

1. 脑力激荡法

脑力激荡法（brainstorming），也被称为头脑风暴法，于 1938 年在美国由奥斯朋（Alex F.Osborn）所创，如图 4-4 所示。该方法既可单人使用，也可以多人使用，但多人使用有效性最佳。此方法以创造性想法为手段，使之发挥最大的想象力。其特点是根据一个灵感激发另一个灵感的方式，产生创造性思想，并从中选择最佳解决问题的途径。

图 4-4　图书《脑力激荡》(希望出版社)

脑力激荡法是对数量方面的要求，而不是质量方面的要求。使用脑力激荡法时，最初的二三十个想法一般是大家熟知的，所以不一定有用；但之后列出的想法越多，意味着由两个或者两个以上的想法整合而成的想法就越多，产生的创新概率就越高。

多人脑力激荡的基本原则：

• 脑力激荡的组长负责主持，并将所有的主意完整记录下来。

• 明确一个目标和要解决的问题。

图 4-5　Tony Buzan

• 保持轻松的气氛，最好是在游戏的过程中进行，使在场人员都可以参与其中，对提出的想法不要加以评判，无论这些想法看起来多么荒诞或可怕。

• 脑力激荡的最初注重想法的数量，而不是质量。

• 注意基于他人的想法可能产生的随机“引爆点”，从一个新的方向开拓出新的创意，并非必须经过理性的思考。

• 脑力激荡结束时，平静地衡量这些想法，注意与开始时设定的目标联系起来。

2. 心智图法

心智图又称思维导图、脑图、脑力激荡图、树状图等，是一种图像式思维的工具和一种利用图像式思考的辅助工具，由 Tony Buzan（见图 4-5）在 20 世纪 60 年代后期提出来。

心智图运用的行业范围非常广泛，可以使用文字或图形的方法来绘制，其特点是使用一个中央关键词或想法引起形象化的构造和分类的想法或其他关联项目的图解方式。换言之，一个想法带出另一个想法，完成时形成如同“鸟瞰”的地图，如图 4-6 所示。

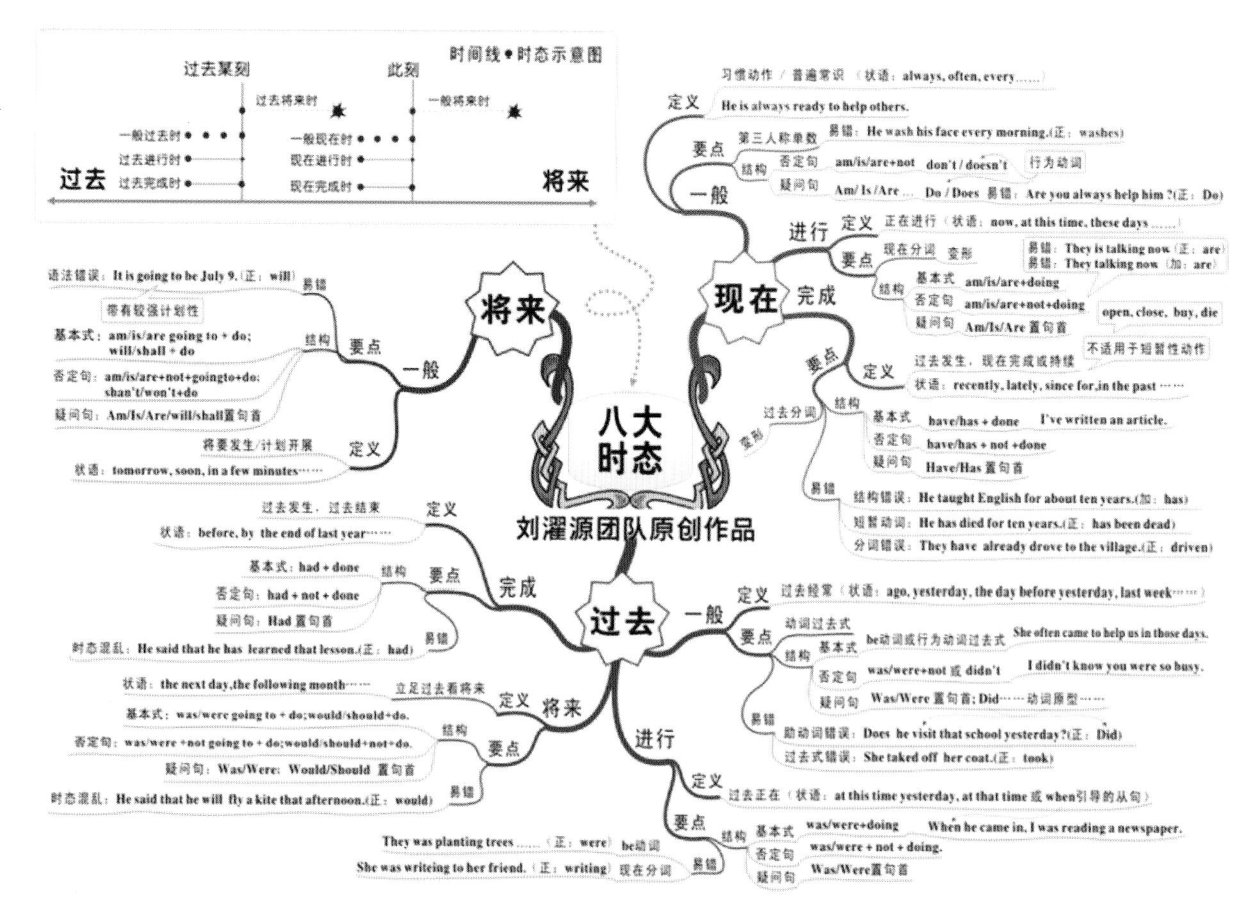

图 4-6　英语时态心智图（来源：刘濯源团队）

心智图的基本原则：

- 一个醒目的图像，象征心智图的题目。
- 多个二级主题作为思考的分类。
- 关键词记录，无须添加形容词或定义。
- 可以使用颜色或编码，只是为了突出和加深视觉的速记。
- 必要时使用影像，一个影像可以替代多个文字，但注意影像的长度。
- 每个主题使用线圈或枝丫包含，使之明确、清晰。

3. 思维工具

市面上有关的思维工具非常多，包括亿图图示、Mindmanager、XMind、FreeMind 和百度脑图等。比较常用的有 XMind 和百度脑图。

XMind 是一款非常实用的商业心智图软件，功能强大，提供了丰富的样式和主题，可以方便地绘制出精美的心智图。XMind 采用全球最先进的 Eclipse RCP 软件架构，突出了软件的可扩展、跨平台、稳定性和性能。利用 XMind 不仅可以绘制心智图，还能绘制鱼骨图、二维图、树形图、逻辑图、组织结构图等；在输出方面，可以轻松地输出 HTML、图片，也可以保存为其他思维工具软件所需要的格式，使用户在软件工具相互转换时，不会丢失之前绘制的思维导图。同时，XMind 也能与 Office 软件紧密集成，使用 Word/PowerPoint/Acrobat 等工具打开编辑。在使用的版本上，XMind 有免费版和付费版两种，供不同使用需求的人群选择，如图 4–7 所示。

图 4–7　XMind 思维导图软件工具（官方地址：http：//www.xmindchina.net/）

百度脑图是百度公司设计开发的一款在浏览器上在线使用的心智图绘制工具，它小巧轻便又极其直观，不用再下载本地安装，在任何地方都可以打开。百度脑图采用 HTML 5 独特技术开发，基本没有延迟，自动实时保存在云端，即时存取，不会出现文件的丢失，方便分享与协同。在功能方面，百度脑图集成了常用的心智图绘制工具，操作十分简单，节约了学习该软件的时间成本，如图 4-8 所示。

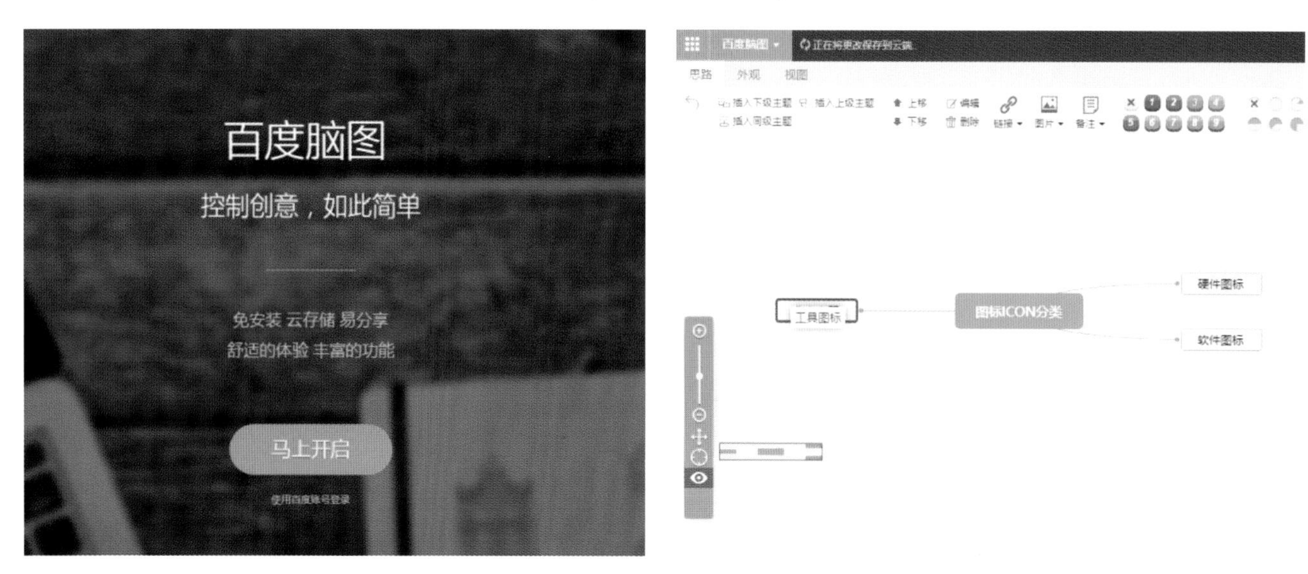

图 4-8　百度脑图（网站地址：http：//naotu.baidu.com/）

三、掌握基本的透视原理

透视是所有绘画和艺术设计的基础学科，其本质是根据一定原理，用线条来显示物体的空间位置、轮廓和投影的科学。所以，掌握一定的透视原理对于图标 ICON 的设计肯定是有帮助的，特别是对于拟物化的图标而言运用透视的机会将更多，如图 4-9 所示。

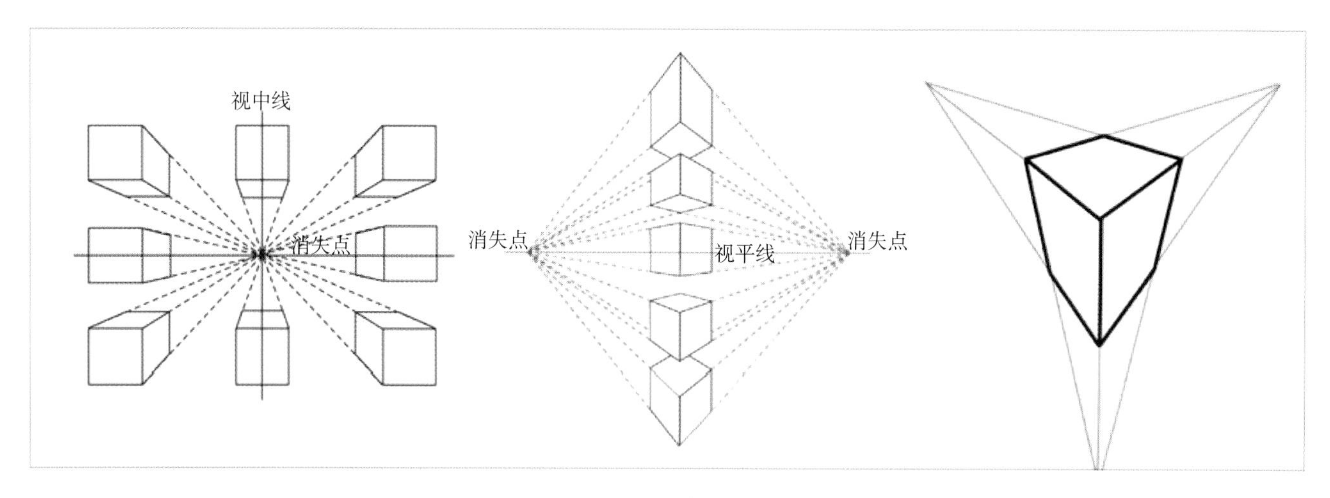

图 4-9　透视原理

1. “一点透视”图标 ICON 绘制原理

一点透视的基本特点是所有的图标都具有单一的消失点，因此在软件工具（以图 4-10 的透视角度，使用 Illustrator 软件工具操作为例）中呈现的绘制方法是，首先使用矩形工具绘制一个矩形，并在其上方确定一条水平线和一个消失点，如图 4-11 所示，再使用线段将矩形上方两侧的端点与消失点相连，并在此范围内绘制一条水平线，如图 4–12 所示。最后去除多余的线条，完成最后的效果，如图 4–13 所示。

图 4–10 拟物化图标（来源：互联网）

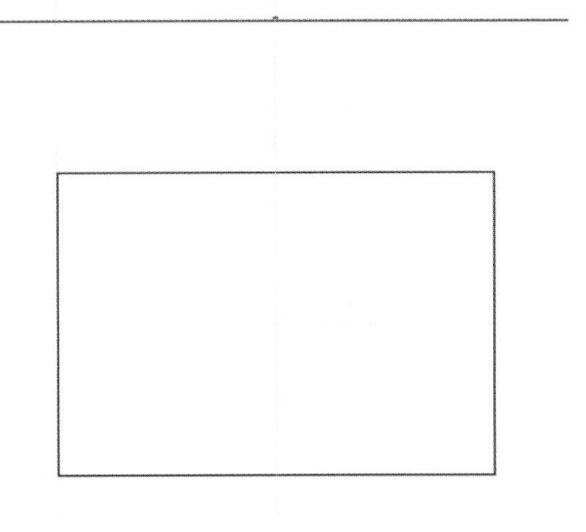

图 4–11 绘制矩形和水平线

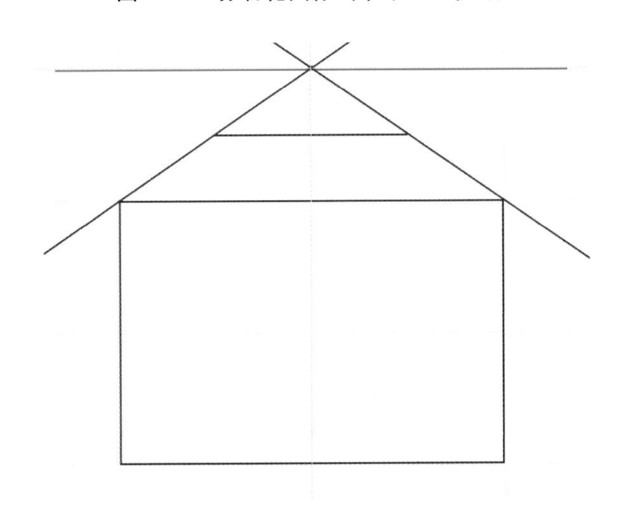

图 4–12 连接消失点

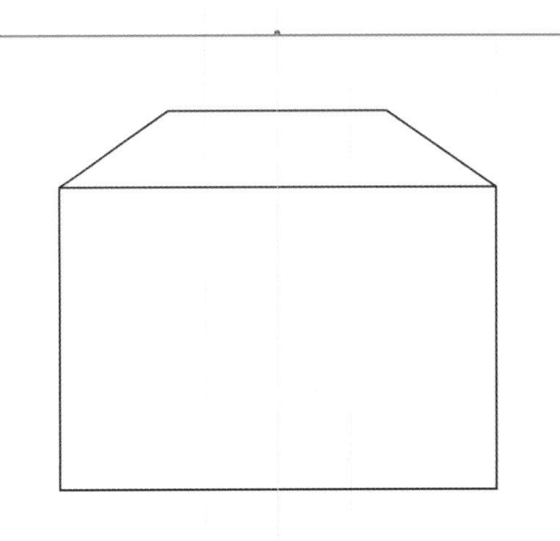

图 4–13 去除多余线条

在一点透视的基础上，使用另一种方式，还能实现另一种透视效果，这也是目前比较流行的设计方式，如图 4–14 和图 4–15 所示。

图 4–14 拟物化图标（来源：站酷）

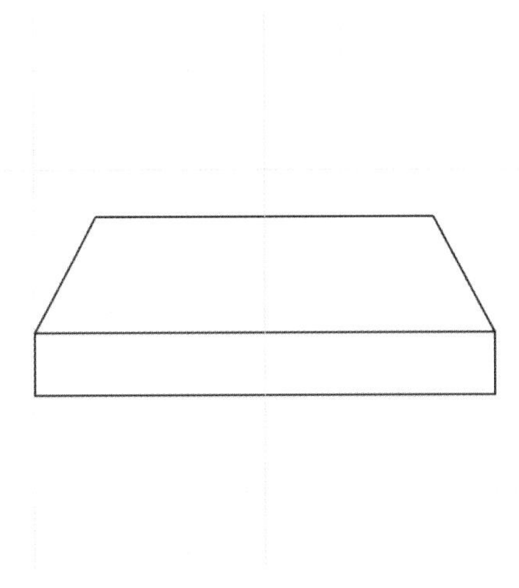

图 4–15 一点透视其他方案

2. “两点透视”图标 ICON 绘制原理

使用两点透视法的图标 ICON 一般可以展现出更多的细节特征，所以通常应用在操作系统这类比较复杂的图标之上。其在软件工具（以图 4–16 的透视角度，使用 Illustrator 软件工具操作为例）中呈现的绘制方法是，首先绘制一条直线，以直线的两端 A 点和 B 点作为图标的消失点，如图 4–17 所示，之后在下方绘制一条垂直线，垂直线的高度设定成所设计的图标的高度，并分别将垂直线的两端点与 A、B 两个消失点相连，如图 4–18 所示，再在相交的部分绘制两根线段，确定立方体的长和宽，并与消失点连接，便完成了立方体的绘制，如图 4–19 所示。

图 4–16　拟物化图标（来源：互联网）

图 4–17　水平线两端点作为消失点

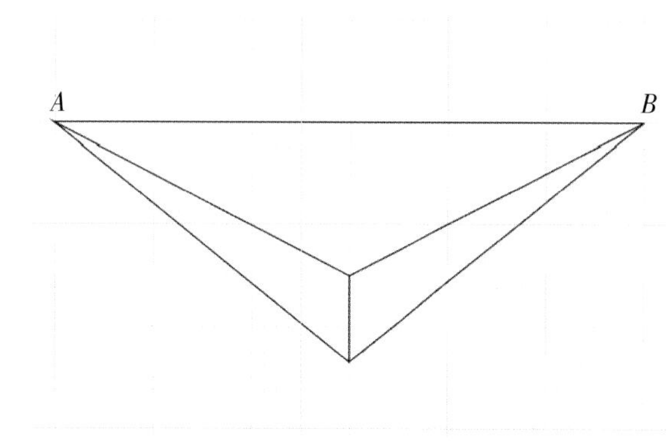

图 4–18　绘制垂直线并连接其端点与两个消失点

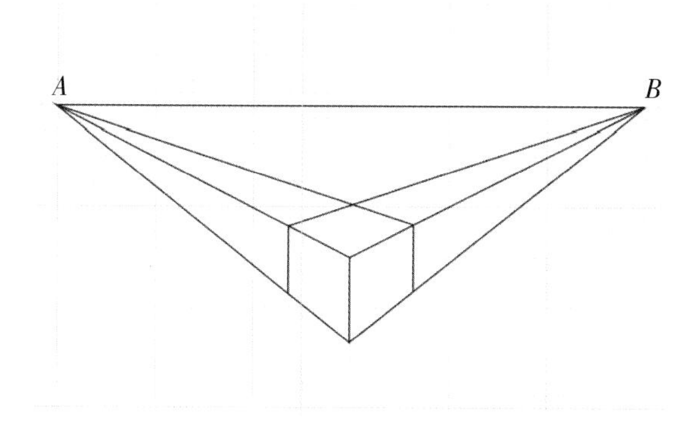

图 4–19　确定长和宽并连接消失点

在这样的基础上，改变象征图标高度的那根垂直线的位置，又可以变化出其他的样式，产生另外的透视效果，如图 4–20 和图 4–21 所示。

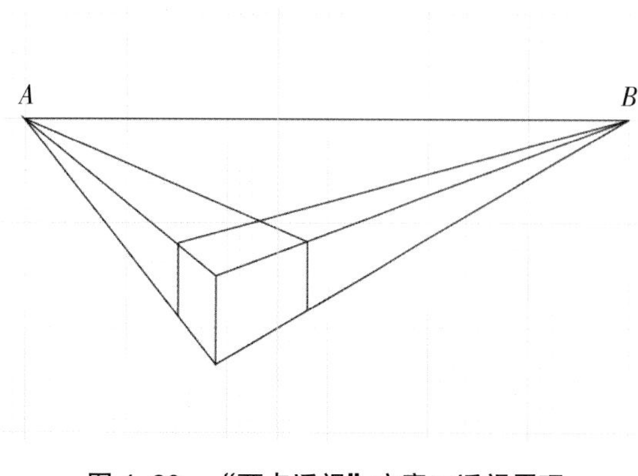

图 4–20　“两点透视”方案二透视原理

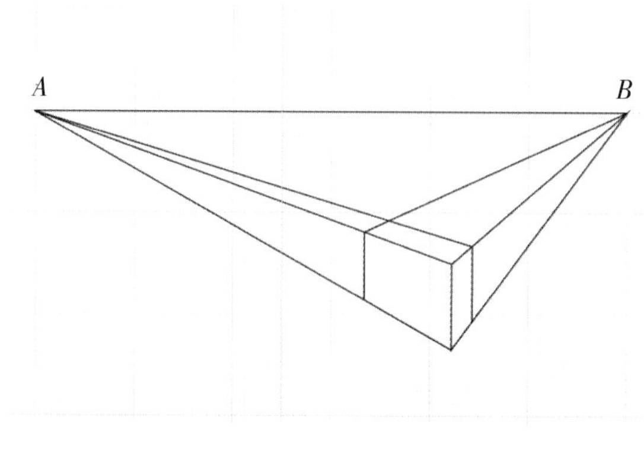

图 4–21　“两点透视”方案三透视原理

四、寻找设计对象的角度

寻找好的设计对象的角度是设计视觉的关键之一，但这又往往被人忽略。

通常情况下，无论是给予什么对象的命题，绝大多数人包括设计专业人士，其第一反应都是将对象用略带俯视的 45° 角的方式呈现出来。这是一个人们观察物体的“标准视角”，就像设计和绘画专业的学生在绘画基础课程中画石膏人面像一样，因为这样的视角可以更多地描绘出对象的信息，表现出对象的特点，而对于观看者而言，这样的角度识别对象最迅速。但在创意设计中，我们还是需要用另外的角度来描绘对象，比如当绘制的角度变换时，虽然识别的速度略微下降，但产生了让人意想不到的效果，增添了视觉的趣味性。

在一次 19 人的实践练习中，要求用创意图形的方式绘制一个手机充电器的插头，结果 9 人绘制图形方式的角度如图 4–22（a）所示，9 人绘制的角度如图 4–22（b）所示，只有 1 人绘制了图 4–22（c）所示的角度。

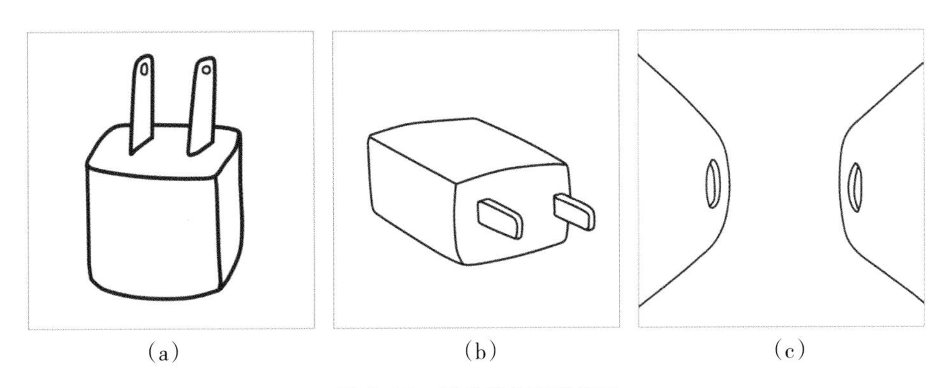

图 4–22　手机插头图形练习

五、确定设计风格

设计风格是美的不同视觉表现感受，如同一个人是选择休闲装、职业装还是运动装一样，图标 ICON 的设计也是如此。如同淘宝和天猫的图标，两者是一个公司的产品，但定位不同，因此在图标 ICON 的设计中也有所区别，如图 4–23 所示。

图 4–23　淘宝与天猫应用图标 ICON

设计风格属于视觉感受的部分，大部分设计师常常飘忽不定，拿捏不准，虽然花了不少时间去设计，但依然不能让客户满意，最后就被人牵着鼻子走，这里修改一点，那里完善一下。

因此在设计之初，首先应该明确产品的目标和方向，确定产品的气质特征是有趣可爱，还是阳刚有力，或者是简约时尚。之后选定色彩的范围，是红色激情一点，还是紫色神秘一点。最后明确图形的特点，通过一点点的范围缩小来确定最终的方向，再加上一点设计的技巧和表现的手段，进而达到设计的目标。

六、图标 ICON 的设计过程

好的图标可以让用户一眼看出它的功能并理解它的含义。如果设计师要让用户在看到图标后能立即理解其含义，就必须明确地表现出设计意图，这就需要在设计的过程中根据科学有效的设计流程来进行。一般图标 ICON 设计的过程包括纸质原型草图设计与保真度原型设计，而纸质原型草图设计又可以分为黑白纸质原型设计与彩色纸质原型设计，保真度原型设计又可分为低保真度原型设计与高保真度原型设计。

（1）黑白纸质原型设计：主要使用在原型设计的最初阶段，设计者通过简单的线稿获得创意的灵感，并将图标的概念和隐喻用一种相对简单清楚的方式呈现出来，这也就是黑白纸质原型设计的重要目的。之后将草图呈现给团队的同事，根据反馈的信息做出修改和调整，以保证所有的图标能够在风格统一的基础上传达信息，如图 4–24 所示。

图 4–24　黑白纸质原型设计图（来源：互联网）

（2）彩色纸质原型设计：纸质原型设计的中后期，经过完善的图标有了基本的样貌，通过彩色纸质原型设计的过程，再次深入调整每一个图标的内部结构和阴影关系，加上基本的配色，完成整个第一阶段的设计任务，如图 4–25 所示。

通常原型设计是在纸质材料上完成的，但也有一些公司和个人习惯使用数字绘图板完成这一阶段的工作，采用的工具并没有强制性的要求，只要达到设计的目的便可。

（3）保真度原型设计是数字呈现的过程，这一阶段的初期被称为低保真度原型设计。在开始数字制作之前，确定尺寸和色彩，为制作打下基础。同时需要合理地运用软件工具的各项功能，提高制作的效率并保持所有图标具有统一的视觉效果，如图 4–26 所示。

图 4-25　彩色纸质原型设计图（来源：互联网）

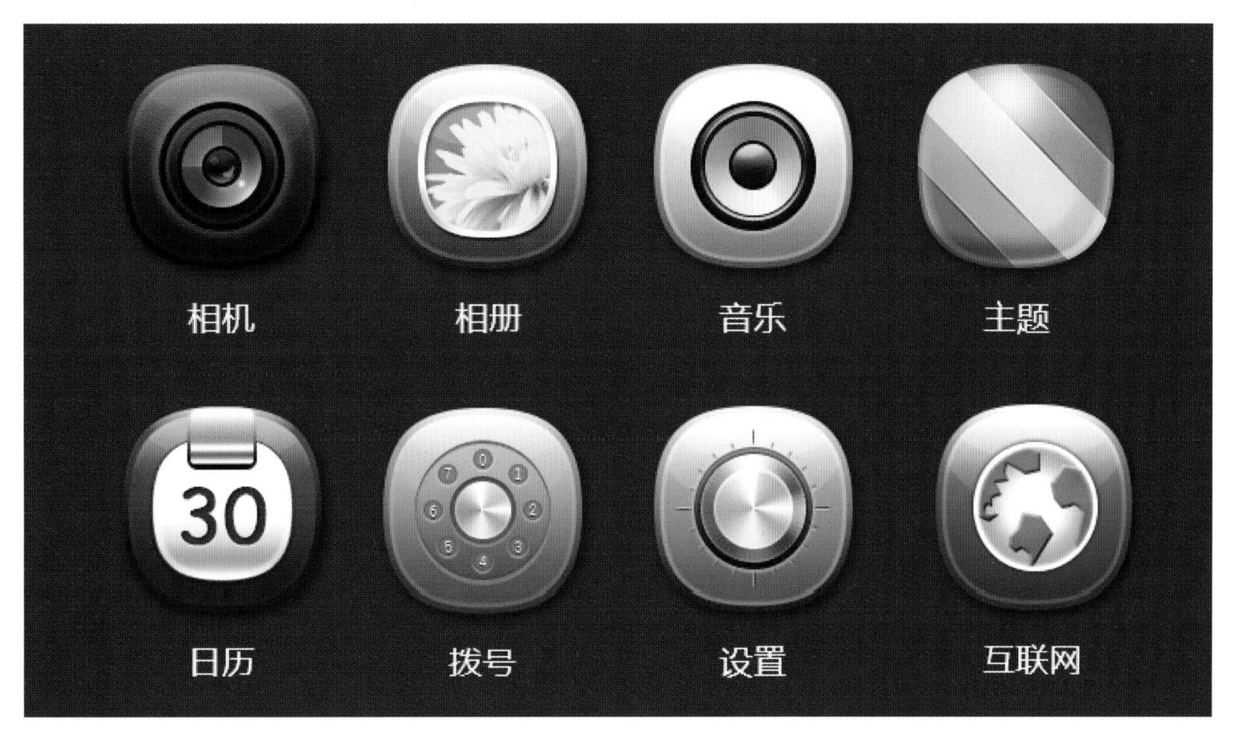

图 4-26　低保真度原型设计图（来源：互联网）

（4）高保真度原型设计是指所有的图标基本完成，针对一些共有的元素效果进行检查和完善的过程，包括对图标的尺寸检查、对色彩的检查、对边缘对齐的检查和对像素的检查等。当所有的部分都没有问题后，开始输出所有的图标，并放置到整个 UI 界面中，在软件产品中开始测试。在测试的过程中如果发现不足，仍可以进行完善，如图 4-27 所示。

JUNKIECHI APP

图 4-27　高保真度原型设计图

以上四个过程是一个完整的设计流程。初学者及刚刚进入这个领域的工作人员，要按照以上四步进行图标设计。

4.2 图标 ICON 设计工具

一、常用手绘工具

针对图标 ICON 设计常用的手绘类工具主要包括绘图笔类、模版纸张类和尺类工具。

绘图笔主要有针管笔、彩色铅笔、水性笔和自动铅笔等，推荐使用自动铅笔，可以方便设计人员修改，如图 4-28 所示。

模版纸张主要分为网点纸和网格纸。其中网点纸市面上分类很多，有成本的和活页的，网点的距离有 2 mm、2.5 mm、5 mm 等，如图 4-29 所示。模版类的网点纸，如 iPhone 模版网点纸，保持了手机的外形和标准的标注位置，更直接地呈现设计元素所在区域的视觉效果。不同种类网点纸的出现，方便了设计人员根据不同的需求进行选择。

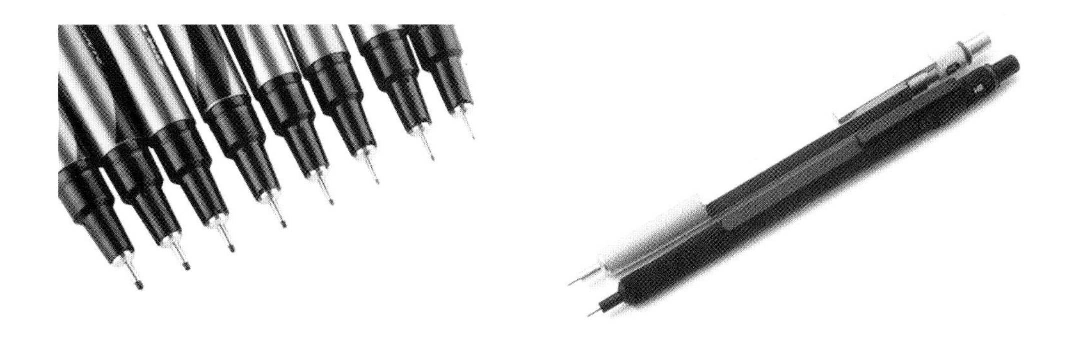

图 4–28 绘图笔类工具（宝克针管笔、红环 600 自动铅笔）

图 4–29 网点纸

网格纸只针对图标 ICON 的设计，它是自带了圆角矩形的应用图标模版，内部进行了统一、规则的划分，包括确定的中心点、间距点、圆形大小比例等。设计人员使用网格纸绘制原型草图，可以方便地控制整套设计的视觉尺寸，如图 4–30 所示。

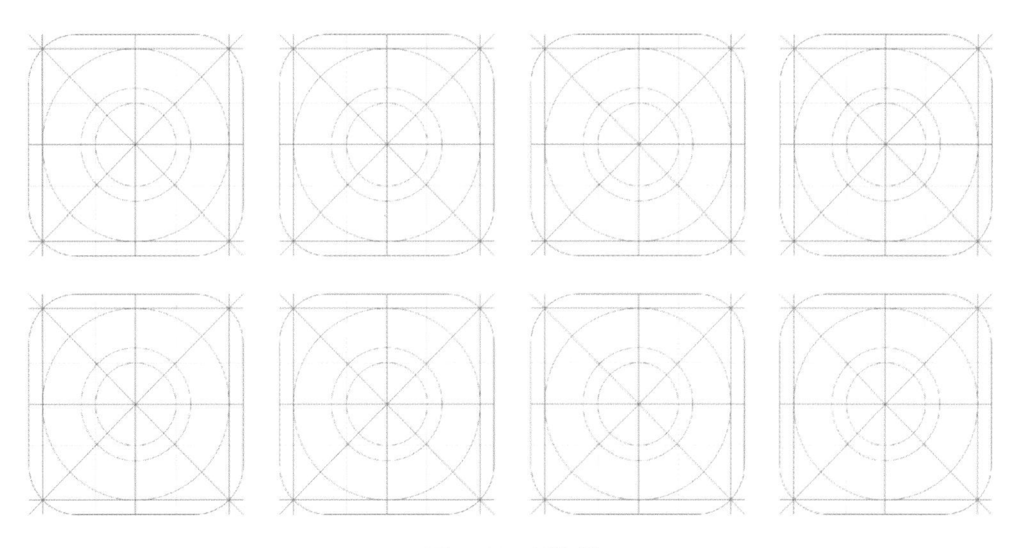

图 4–30 网格纸

尺类工具主要包括常见的圆规、分规、直尺和三角尺等，如图 4-31 所示。这里特别推荐模版尺，使用模版尺可以非常方便地绘制出通用图标的样式，极大地提高了原型绘制的效率。

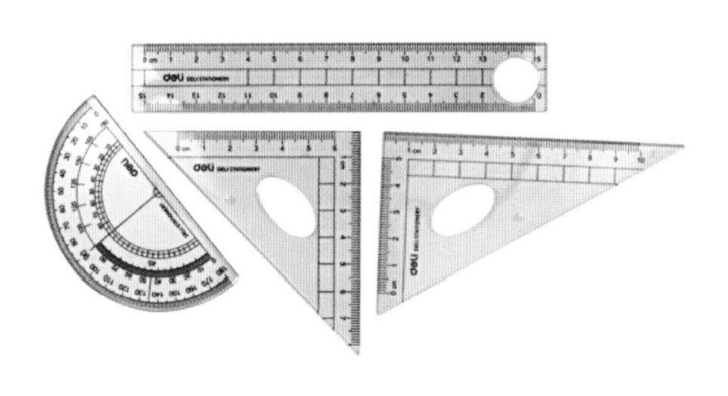

图 4-31　圆规、分规、直尺和三角尺

图 4-32　数码绘图板

除了常用的手绘工具外，也经常使用数码绘图板，配合电子模版，可以提高工作的效率，如图 4-32 所示。

二、常用软件工具

图标 ICON 设计虽然已经发展了一段时间，但就目前而言仍然是一个新兴的领域，且越来越受到软件企业及开发者的重视。目前还没有做图标 ICON 设计的专业软件，下面介绍几款设计者在设计图标 ICON 时常用的软件，供不同的人根据个人的实际需要选择使用。

1. CorelDRAW

CorelDRAW Graphics Suite 是加拿大 Corel 公司的平面设计软件。该软件是 Corel 公司出品的矢量图形制作工具软件，目前的最新版本为 CorelDRAW 2017，如图 4-33 所示。除此以外，设计师常用的版本还包括 9、10、12、X3、X5、X6、X7 及 X8。

对于进行商标、标志和图标设计而言，CorelDRAW 软件因其界面清晰，操作简单，且在图形精确定位和变形控制方面易于上手，是一款常用的矢量图形设计软件。

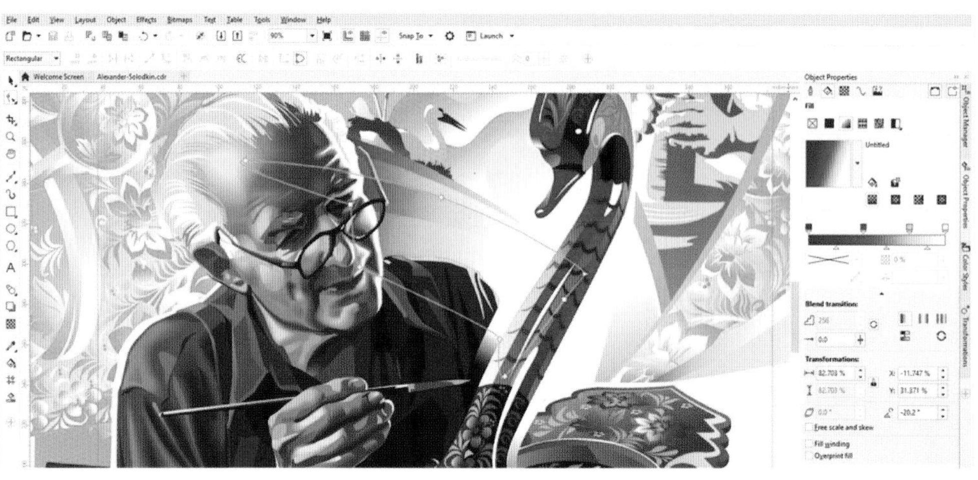

图 4-33　CorelDRAW 2017

2. Adobe Illustrator

Adobe Illustrator 简称 AI，由 Adobe 公司出品，是一款应用于出版、多媒体和在线图像的矢量图形设计软件，目前最新的版本为 Adobe Illustrator CC 2017，如图 4–34 所示。除此以外，设计师常用的版本还包括 CS5 和 CS6。

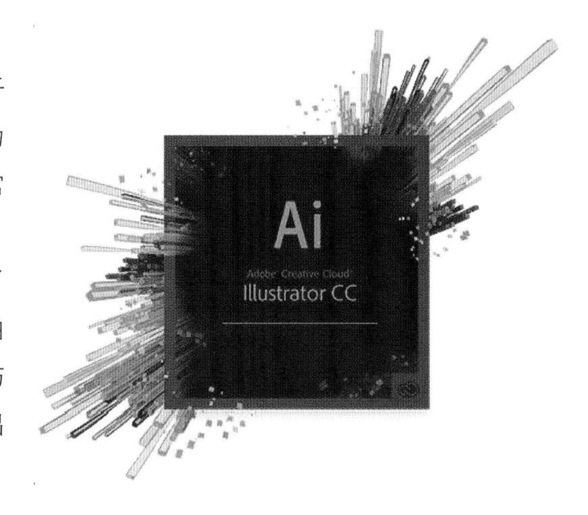

图 4–34　Adobe Illustrator CC 2017

Adobe Illustrator 作为一款流行的矢量图形设计软件，提供了一些相当方便、实用的矢量图形工具，如矩形工具、圆形工具和曲线工具等，配合钢笔工具使用，可以对矢量线条进行精确的控制与调整，加上本身强大的色彩填充与文字处理功能，可以设计制作出精美的图标效果。

3. Adobe Photoshop

Adobe Photoshop，简称 PS，是由 Adobe Systems 开发和发行的图像处理软件。目前最新的版本为 Adobe Photoshop CC 2017，如图 4–35 所示。除此以外，设计师常用的版本还包括 CS5 和 CS6。

Photoshop 的功能非常强大，它可以处理图像、图形、文字、视频等，在出版、互联网等领域中的应用非常广泛。其特点包括：①使用像素构成数字图像；②拥有优秀的色彩管理与编辑功能；③拥有强大的图像编辑与处理能力。使用其众多的编辑、修改与绘图工具，可以将作品设计得非常美观与精细。

图 4–35　Adobe Photoshop CC 2017

4. Adobe After Effects

Adobe After Effects 简称 AE，是 Adobe 公司推出的一款图形视频处理软件，适用于从事设计和视频特技制作的个人和机构，包括电视台、动画制作公司、后期制作工作室及多媒体工作室。它属于后期制作软件，如图 4–36 所示。

Adobe After Effects 软件可以高效且精确地创建无数种引人注目的动态图形和震撼人心的视觉效果。利用与其他 Adobe 软件无与伦比的紧密集成和高度灵活的 2D 和 3D 合成，以及数百种预设的效果和动画，可以为设计作品增添令人耳目一新的效果。借用这一软件工具，图标 ICON 的设计可以实现很多炫酷的动画效果。

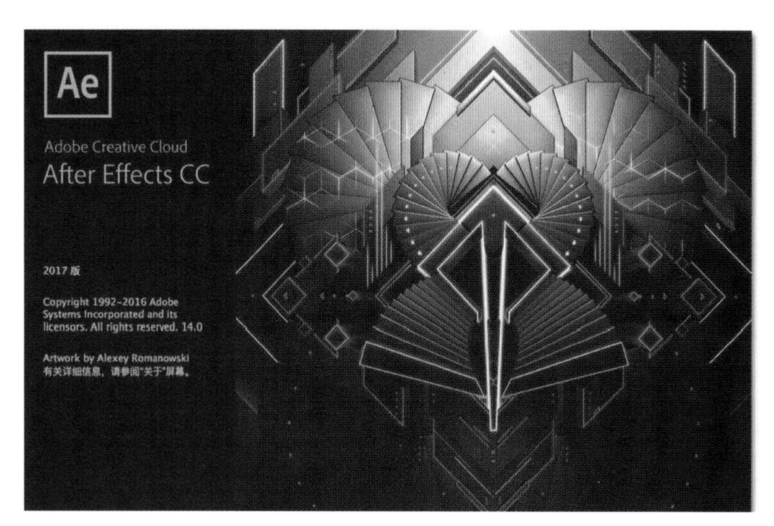

图 4–36　Adobe After Effects CC 2017

5. 3D Studio Max

3D Studio Max，常简称为 3ds Max 或 MAX，是 Autodesk 公司出品的基于 PC 系统的三维制作和动画渲染软件，最新版本是 3ds Max 2017。

3ds Max 相较于其他 3D 软件而言，普及率高且使用方便，能在较短的时间里制作模型和纹理，借助新的基于节点的材质编辑器与高质量硬件渲染器等工具，可以制作出令人炫目的拟物化效果，如图 4–37 所示。

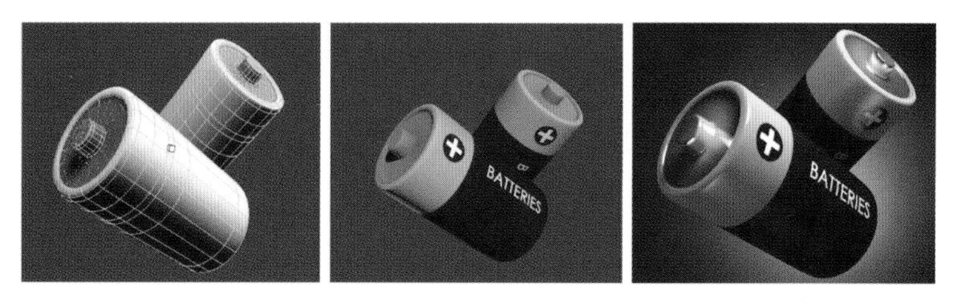

图 4–37　使用 3D Studio Max 实现拟物化图标效果

除了以上介绍的软件，在学习与工作之时还会用到其他的工具软件，这里没有进行一一介绍，毕竟不同的软件，有不同的特点。在设计的过程中因为设计效果的需要，使用的软件会有所不同。例如，同样作为矢量图形制作软件的 CorelDRAW 与 Illustrator，在单独使用的时候，区别不大，但若需要与 Photoshop 进行软件协同，就应该首推 Illustrator 与 Photoshop 搭配使用，因为它们都是 Adobe 公司出品，软件兼容性很好，互相转换方便，颜色模式也基本相同。再例如，如果要设计一款拟物化风格的图标 ICON，同时要求图标的形体结构和透视效果比较严格，那么首选 3ds Max 软件，因为在这方面它具有其他软件无法比拟的优势。

最后，软件工具的重点是"工具"，不是代表使用了什么软件，就能做出无与伦比的设计。所以，不要刻意放弃自己已经习惯使用的软件工具而改用其他软件工具，而应将重心放在创意设计之上。

本章小结

本章主要介绍图标 ICON 的设计过程及其所包括的几种方法，以及绘制图标 ICON 的常用手绘工具与软件工具。

复习思考题

1. 收集不同透视角度的图标，并找寻它们的特点。
2. 思考如何找寻设计对象的角度。

第 5 章

信息图标 ICON 设计范例

XINXI TUBIAO ICON SHEJI FANLI

线性图标 ICON 是以线条的手段绘制图形的，这类图标主要在 UI 界面内使用，如常见到的“返回”“搜索”等。线性图标的绘制主要使用 Illustrator 软件工具完成，但 Photoshop CS6 增强了路径功能，也可以单独用于线性图标的绘制。

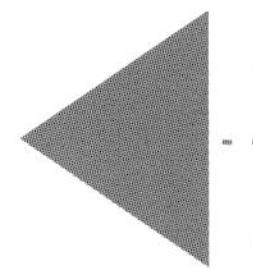

5.1 使用 Illustrator 软件绘制系统类线性图标

一、“放大镜”线性图标 ICON 绘制

在制作小图标的时候一般都要做几个或一套图标，所以这里建议大家使用网格工具。在菜单栏上选择编辑→首选项→参考线和网格，如图 5-1 所示。在打开的对话框内进行设置，如图 5-2 所示。接着在菜单栏上选择视图→显示网格，如图 5-3 所示，网格就会显示出来。

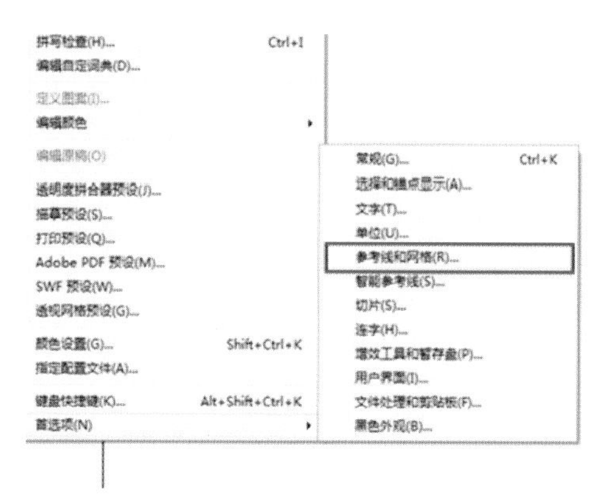

图 5-1　选择参考线和网格

图 5-2　在打开的对话框内进行设置

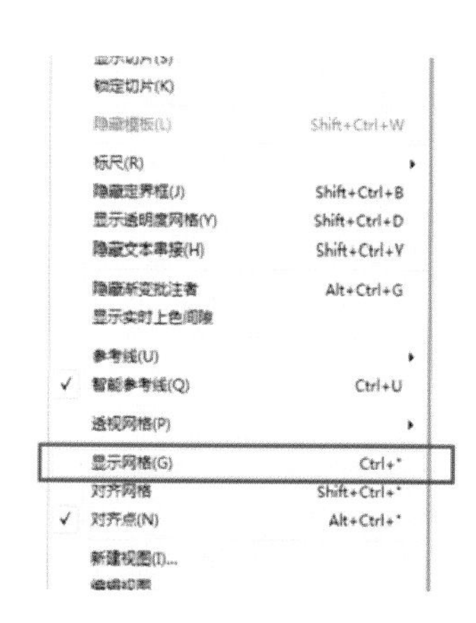

图 5-3　选择显示网格

准备工作完毕后，开始绘制放大镜。首先选择椭圆工具，如图 5-4 所示。绘制放大镜的镜子，尺寸设置如图 5-5 所示。依次设置圆形的填充颜色无，描边颜色黑，描边 4px，如图 5-6 所示。

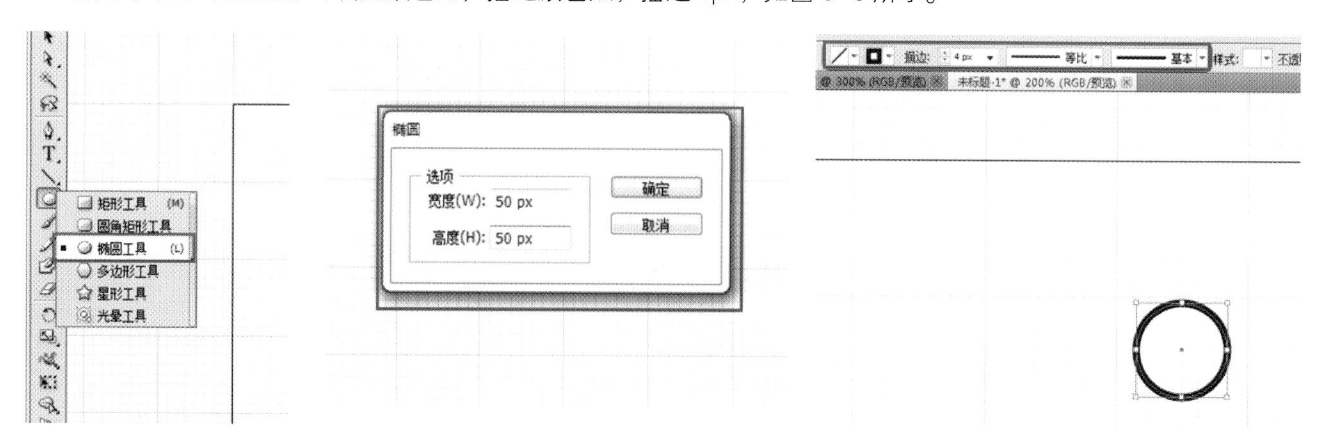

图 5-4　选择椭圆工具　　图 5-5　放大镜镜子尺寸设置　　图 5-6　设置描边 4px

接下来，绘制放大镜的把手。选择圆角矩形工具，如图 5-7 所示，设置放大镜的把手尺寸如图 5-8 所示。然后依次设置椭圆的填充颜色黑，描边颜色无，如图 5-9 所示。

图 5-7　选择圆角矩形工具　　图 5-8　放大镜把手尺寸设置　　图 5-9　填充颜色黑，描边颜色无

全选两个图形，依次使用居中对齐，与底边对齐，如图 5-10 所示。选择椭圆形，鼠标单击下移 26 次，这样可以防止手动造成的贴合不准确，让椭圆形的边与环形的内边相贴合，如图 5-11 所示。

图 5-10　对齐　　图 5-11　让椭圆形的边与环形的内边相贴合

全选两个图形，单击鼠标右键，在弹出的快捷菜单中选择变换→旋转，如图 5-12 所示。在打开的“旋转”对话框中进行角度设置（45°），如图 5-13 所示。

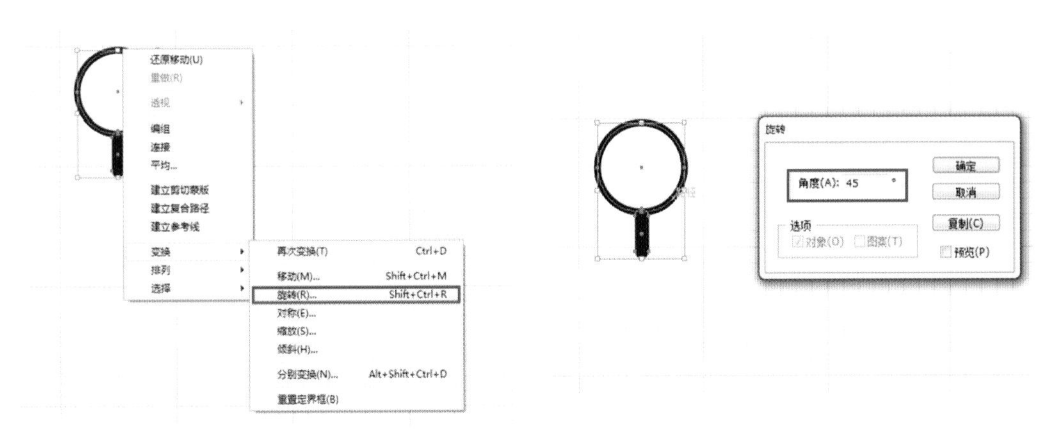

图 5-12　选择旋转　　图 5-13　进行角度的设置（45°）

选中圆形，在菜单栏中选择对象→扩展，如图 5–14 所示，这样就可以将描边转换为形状工具，在打开的“扩展”对话框中进行设置，如图 5–15 所示。

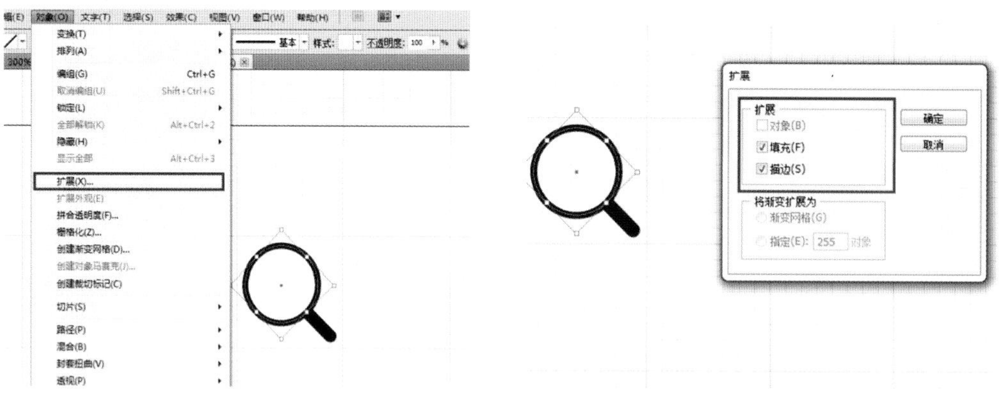

图 5–14　选择扩展　　　　图 5–15　进行扩展设置

全选两个图形，单击鼠标右键，选择编组，如图 5–16 所示，这时会发现绘制图形的大小——像素不为整数。全选绘制好的放大镜，分别按“Ctrl+C”“Ctrl+Shift+V”，原位置复制后，把新图形移到另一边，并且将新放大镜（左边的那个放大镜）的大小调整为相近的整数像素值，如图 5–17 所示。

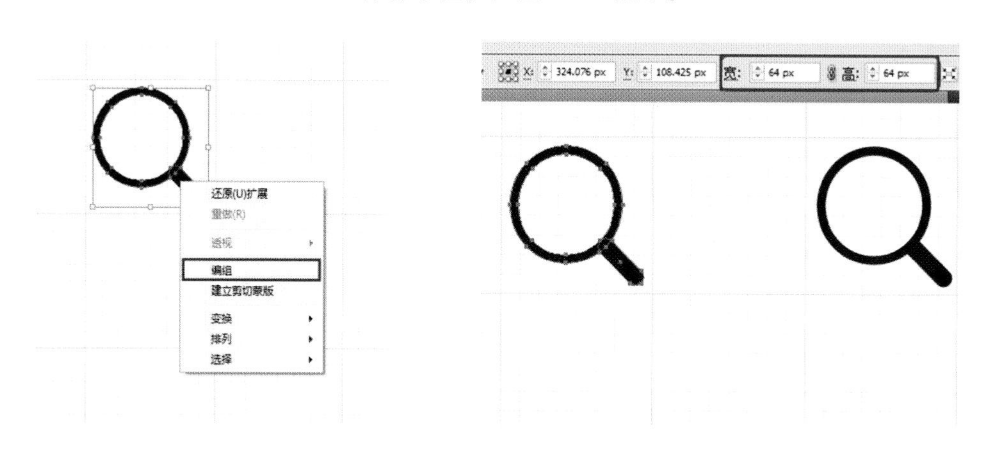

图 5–16　选择编组　　　　图 5–17　调整新放大镜的大小为相近的整数像素值

在菜单栏上选择编辑→首选项→文件处理和剪贴板，如图 5–18 所示，在打开的“首选项”对话框内进行图 5–19 所示的设置，这样就可以通过“Ctrl+C”“Ctrl+V”的形式将图标复制到 Photoshop 中，并且保证它是矢量图形。现在全选两个图标，按“Ctrl+C”复制。

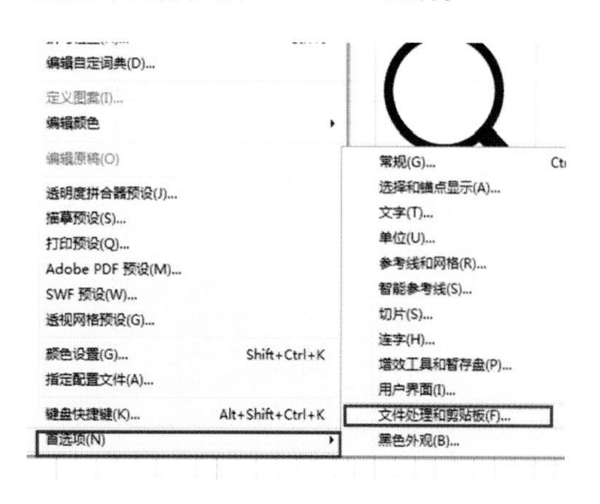

图 5–18　选择文件处理和剪贴板

图 5–19　“首选项”对话框

打开 Photoshop，在新的画布里面直接按“Ctrl+V”，在弹出的“粘贴”对话框中进行设置，如图 5-20 所示。最后发现左边强制设置的图标，长宽相同，而右边没强制设置的图标却多 1 像素，显得十分不规范，如图 5-21 所示。这就是为什么要在制作好图标之后还要重新规划它的尺寸的原因（在 iOS 系统中，图标的长宽都要求为双数）。

图 5-20　“粘贴”对话框

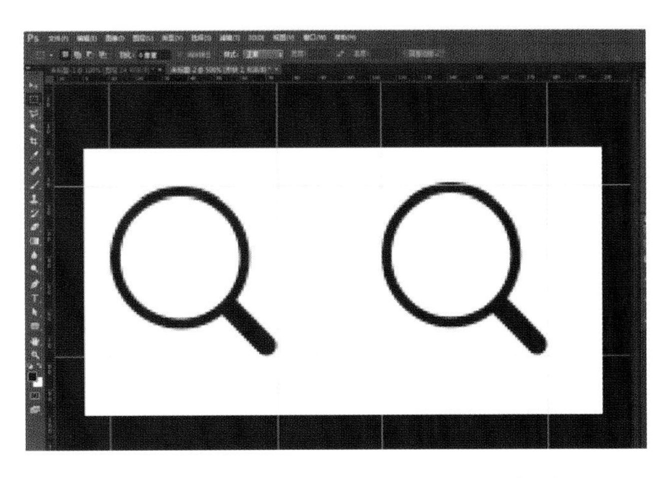

图 5-21　强制设置的图标和没强制设置的图标

二、“设置”线性图标 ICON 绘制

打开 Illustrator 软件工具，按“Ctrl+N”新建文档，大小随意，这里设置为 100px×100px，RGB，72ppi，不勾选“使新建对象与像素网格对齐”，如图 5-22 所示。在菜单栏上选择编辑→首选项→常规，在弹出的对话框中设置键盘增量 1px，如图 5-23 所示。

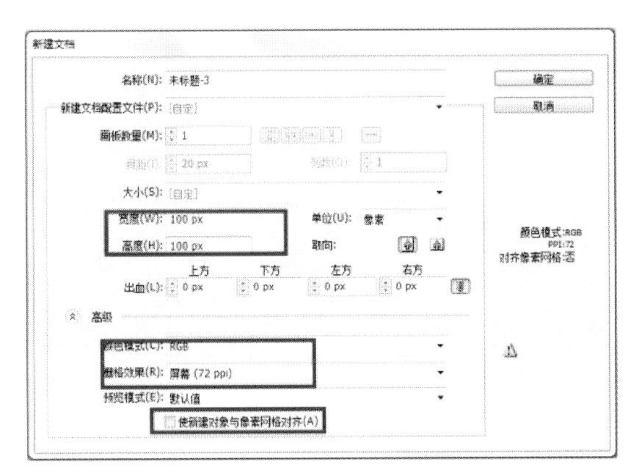

图 5-22　不勾选“使新建对象与像素网格对齐”

图 5-23　设置键盘增量 1px

选择椭圆工具，设置宽度 50px，高度 50px，如图 5-24 所示。

选择椭圆工具，设置宽度 12px，高度 12px，全选两个图形，选择居中对齐和顶部对齐，键盘上移 6px，如图 5-25 所示。

选择宽度为 12px 的圆形，通过按键盘上的“Ctrl+C”，再按“Ctrl+Shift+V”组合键，在原位置复制同样的图形，移动到图 5-26（a）所示的位置，按住“Shift”键，鼠标选择两个小圆形，单击鼠标右键，选择变换→旋转，在弹出的对话框中设置旋转角度，如图 5-26（b）所示。

再次执行同样的操作（复制、移动、旋转）两次，如图 5-27 所示。全选所有图形后执行联集，得到图形效

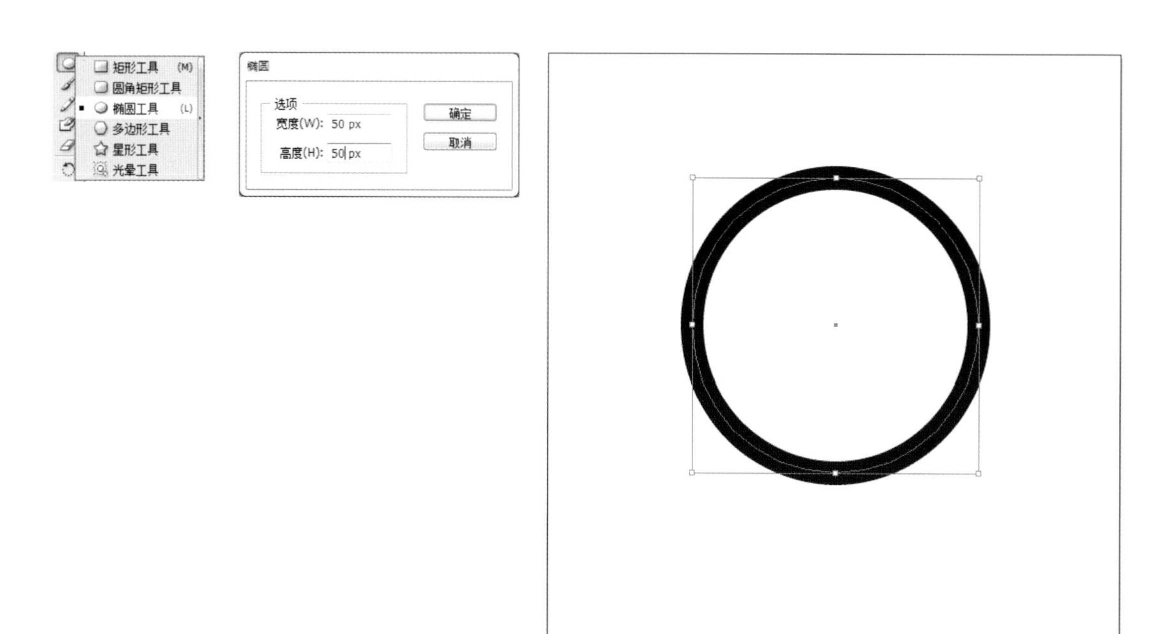

图 5-24　设置宽度和高度

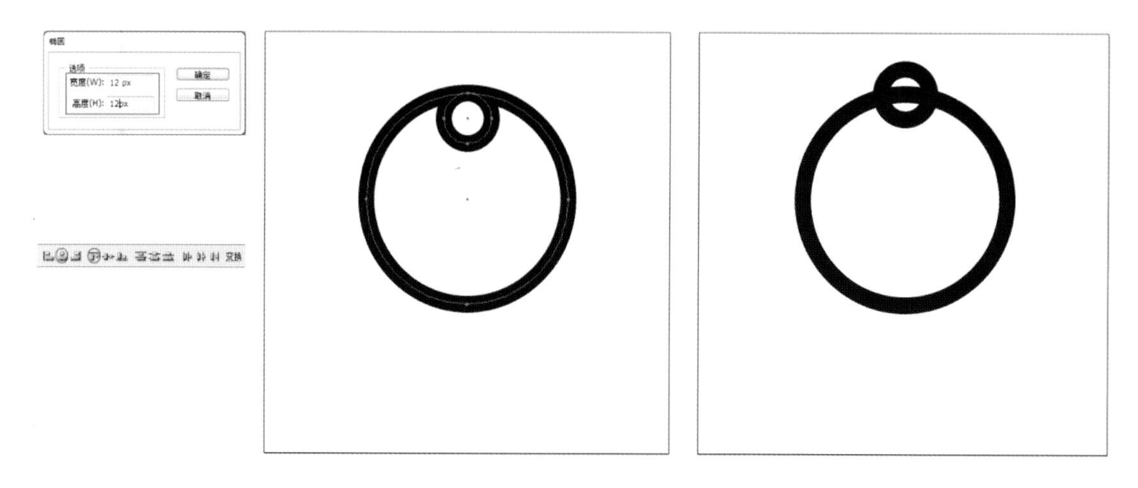

图 5-25　处理图形

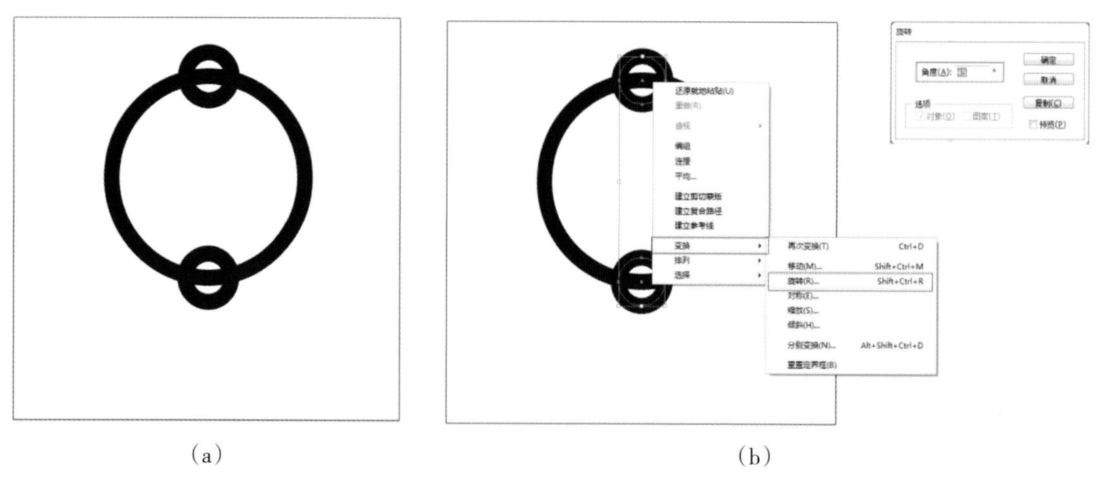

(a)　　(b)

图 5-26　复制、移动、旋转

果，如图 5-28 所示。选择效果→风格化→圆角，在弹出的对话框中进行圆角半径设置，如图 5-29 所示，使图形内圆的尖角部分改为圆角。

图 5-27　再次执行同样的操作两次

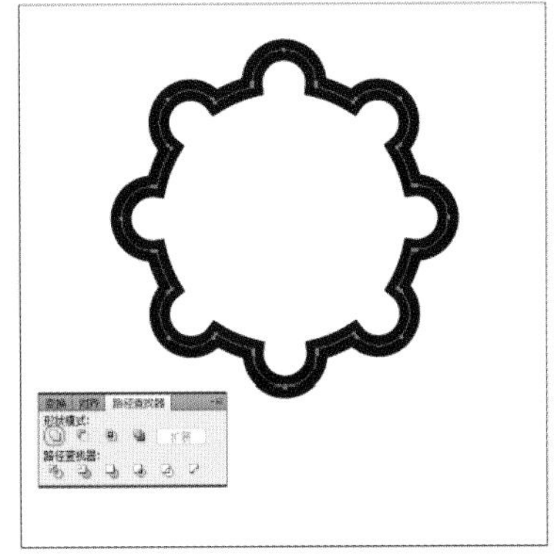

图 5-28　联集后的图形效果

图 5-29　圆角半径设置

设置圆角半径后得到图 5-30（a）所示的图形效果，选择对象→扩展外观，这样可以使刚刚转化的圆角效果变为节点，可编辑，在复制到 Photoshop 时，不会有所改变，如图 5-30（b）所示。

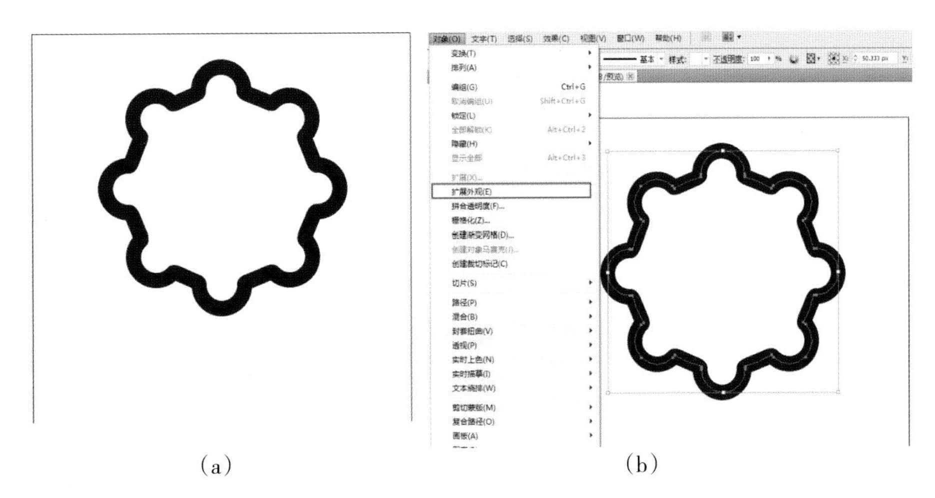

（a）　　（b）

图 5-30　使刚刚转化的圆角效果变为节点

选择椭圆工具，按图 5-31（a）进行设置，按住“Shift”键，选择两个图形，执行垂直居中和水平居中操作，得到最终的图标效果如图 5-31（b）所示。

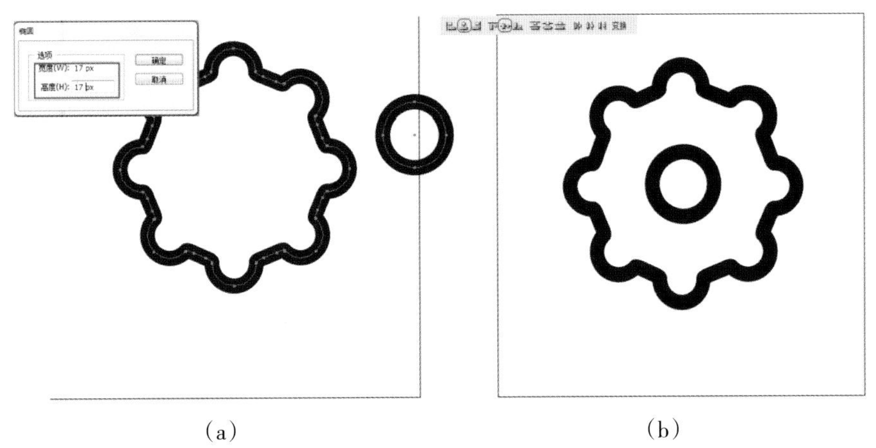

（a）　　（b）

图 5-31　得到最终的图标效果

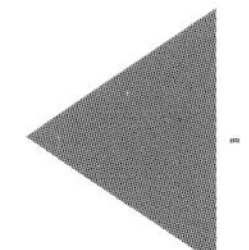

5.2 使用 Illustrator 软件绘制扁平化风格图标

Illustrator 作为一款矢量软件工具，对曲线与锚点的控制非常便捷，加上图像本身的矢量化，可以无损地放大和缩小，是绘制扁平化风格图标 ICON 的有力工具。图 5-32 所示的两个案例，使用 Illustrator 进行操作，希望读者可以从中掌握基本的操作手段与技巧。两个案例最终效果如图 5-32 所示。

图 5-32　指南针和投资日记

一、“指南针”扁平化风格图标 ICON 绘制

在 Illustrator 软件中新建一个画面，导入 iOS 图标模板，使用圆角矩形工具，先绘制一个图标的底图，如图 5-33 所示。鼠标单击页面，填写圆角矩形的尺寸，宽度与高度都是 512px，圆角半径为 116px，如图 5-34 所示。

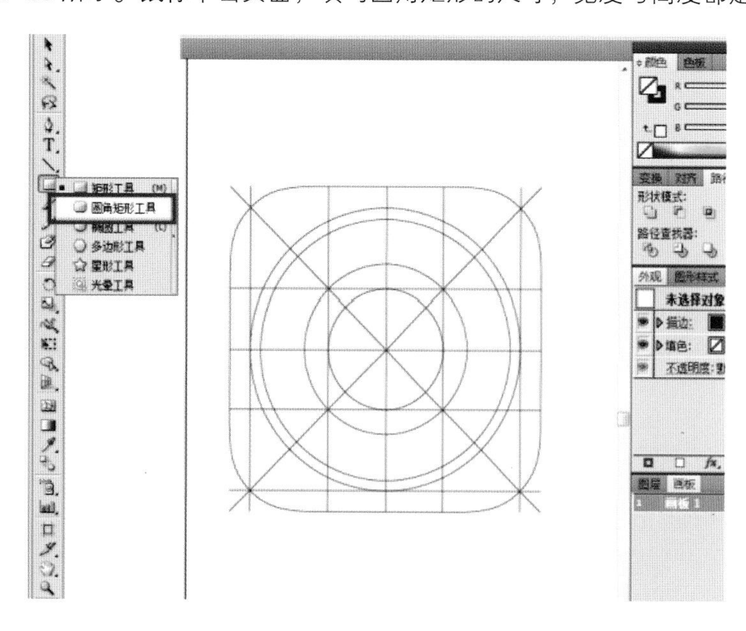

图 5-33　先绘制一个图标的底图

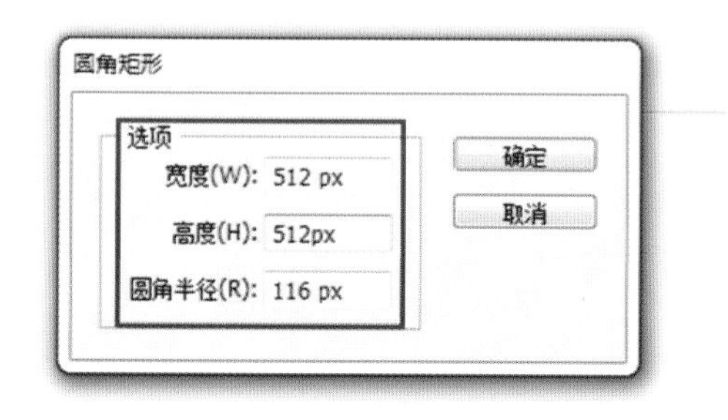

图 5-34　填写圆角矩形的尺寸

取消圆角矩形的描边线，将其设置成无，接着双击颜色面板，填充内部颜色为 #46c7ee，如图 5-35 所示。把 iOS 图标模板与底图相重合，并且同时选择两个图形，选择对象→锁定→所选对象，把两个图形固定在画面中，使其不会随便移动，如图 5-36 所示。

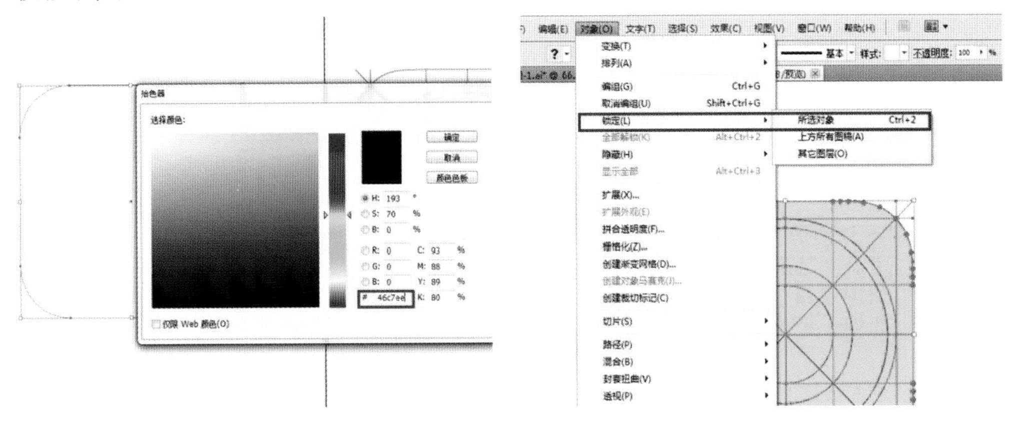

图 5-35　填充内部颜色为 #46c7ee　　　图 5-36　选择所选对象

在已做好的参考图标中央使用椭圆工具，绘制图标的外轮廓，如图 5-37 所示。鼠标单击画面，打开设置对话框，设置尺寸，取消边框，内部颜色填充为 #ffffff（白色），如图 5-38 所示。

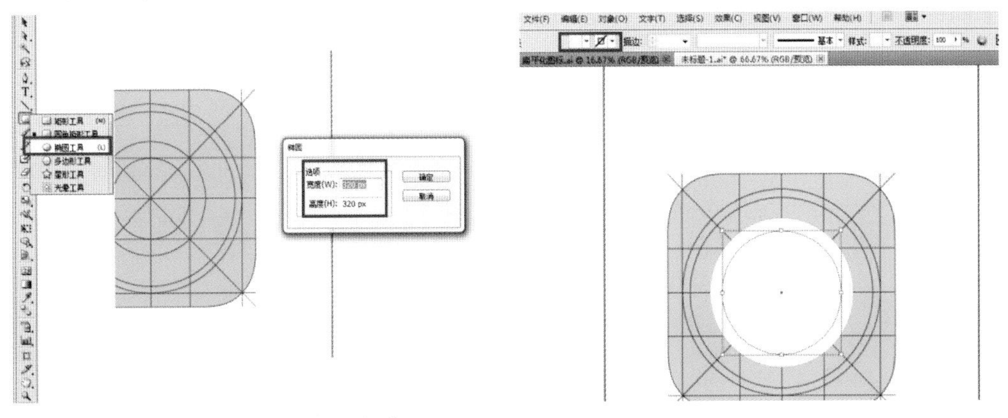

图 5-37　绘制图标的外轮廓　　　图 5-38　内部颜色填充为 #ffffff（白色）

选择已经画好的圆形，按键盘上的“Ctrl+C”，再按“Ctrl+Shift+V”，可以在原来的位置上复制一个同样的圆形，设置圆形的大小，268px × 268px，如图 5-39 所示。同时选取两个圆形，单击路径查找器的减去顶层，可以把图形裁成一个环形，如图 5-40 所示。

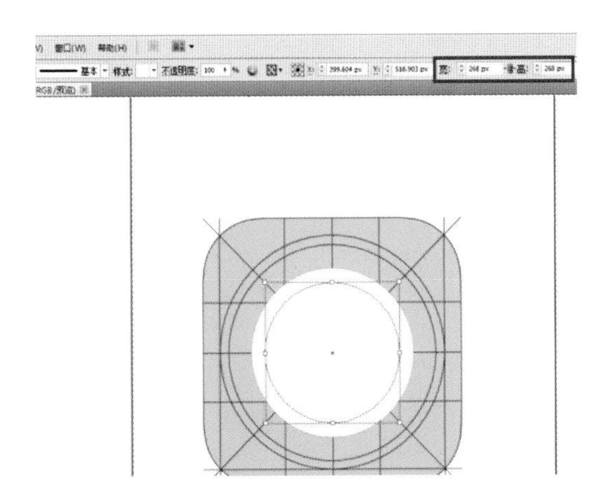

图 5-39　设置圆形的大小

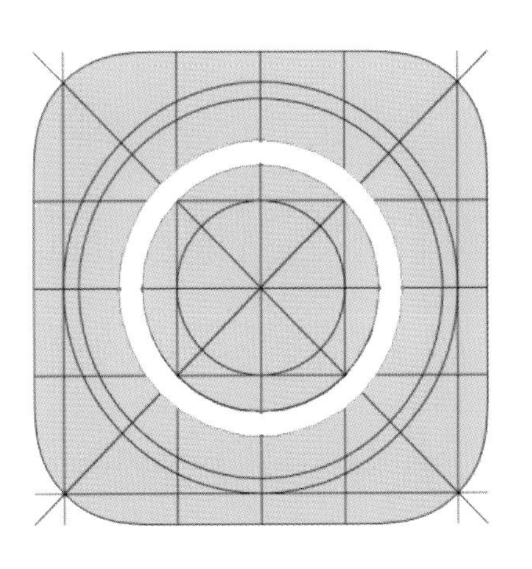

图 5-40　把图形裁成一个环形

再次选择椭圆工具，在环形的上方边缘新建一个 40px×40px 的圆形，如图 5-41 所示。选择建好的小圆形，按“Ctrl+C”后再按“Ctrl+Shift+V”，在原来的位置上复制一个新的圆形，放置在环形的下方，如图 5-42 所示。

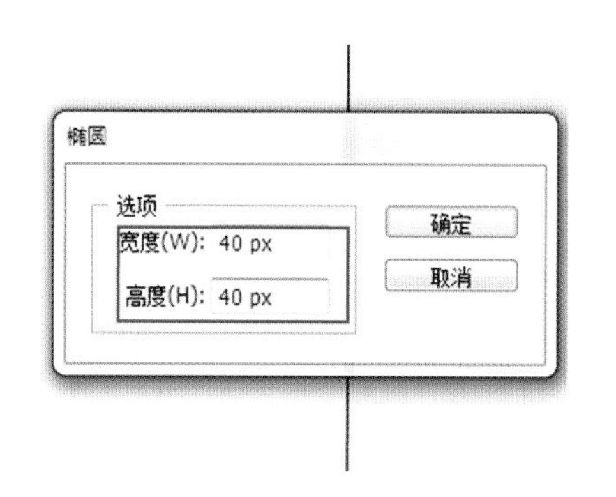

图 5-41　新建一个 40px×40px 的圆形

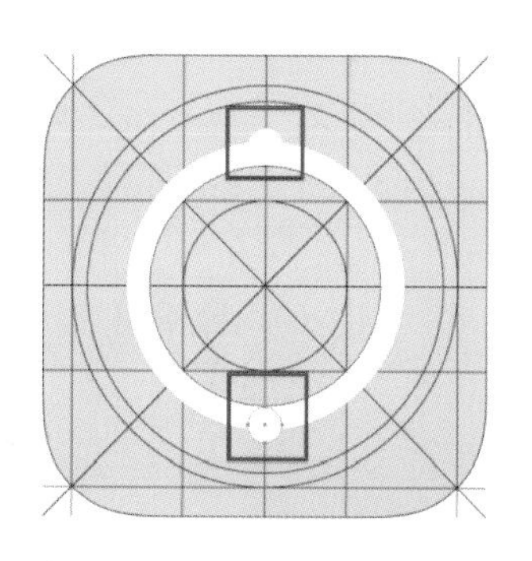

图 5-42　复制一个新的圆形，放置在环形的下方

同时选择两个圆形，在选取的图形上右击，在弹出的快捷菜单中选择变换→旋转，如图 5-43 所示。在打开的“旋转”对话框内填写角度为 90°，如图 5-44 所示。接着全选这五个图形，在路径查找器上选择联集，使这五个图形合并成一个形状，如图 5-45 所示。

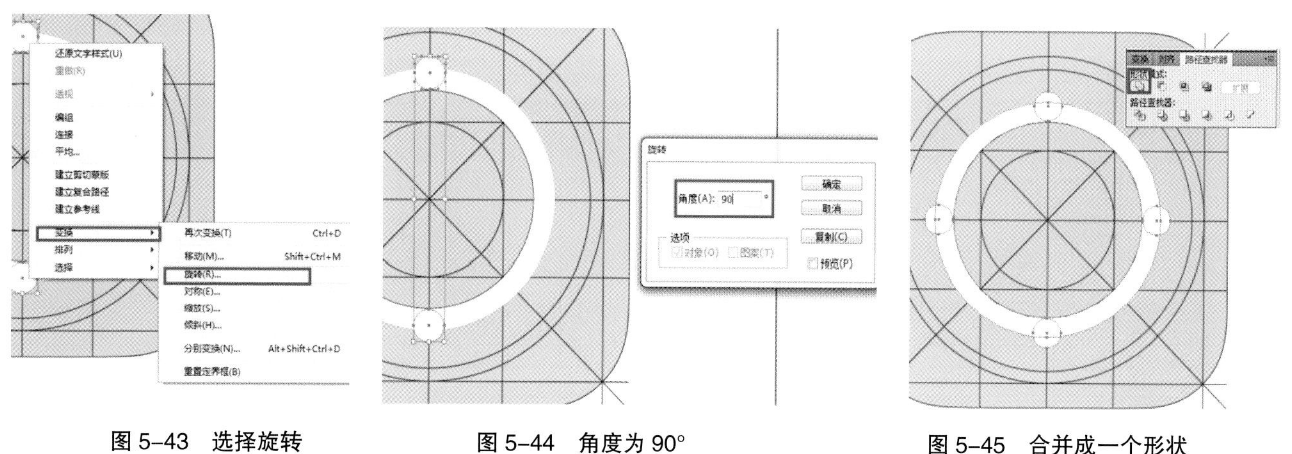

图 5-43　选择旋转　　图 5-44　角度为 90°　　图 5-45　合并成一个形状

选择椭圆工具，新建一个圆形，参数设置如图 5-46 所示。将新建的圆形放置到图形中央，取消边框，填充内部颜色为 #ededed。使用同样的方法，在原来位置上复制一个圆形，设置图形大小为 268px×268px，如图 5-47 所示。选择刚刚新建的两个圆形，单击路径查找器上的“减去顶层”，得到另一个环形，如图 5-48 所示。

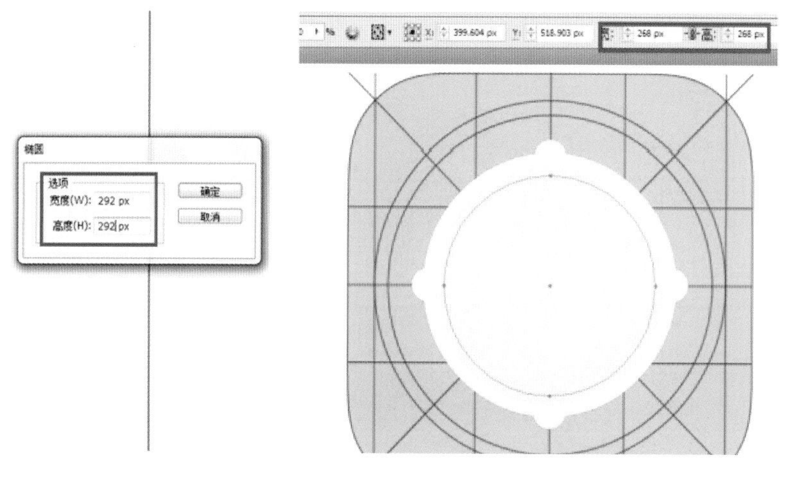

图 5-46　新建圆形参数设置　　图 5-47　设置图形大小　　图 5-48　得到另一个环形

选择多边形工具，如图 5–49 所示。单击画面，在弹出的“多边形”对话框中按图 5–50 所示设置，创建一个三角形。设置三角形的宽度和高度后，按图 5–51 所示的位置放置。

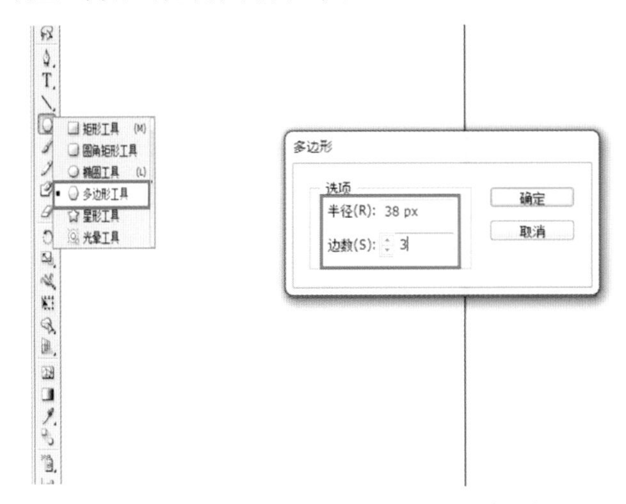

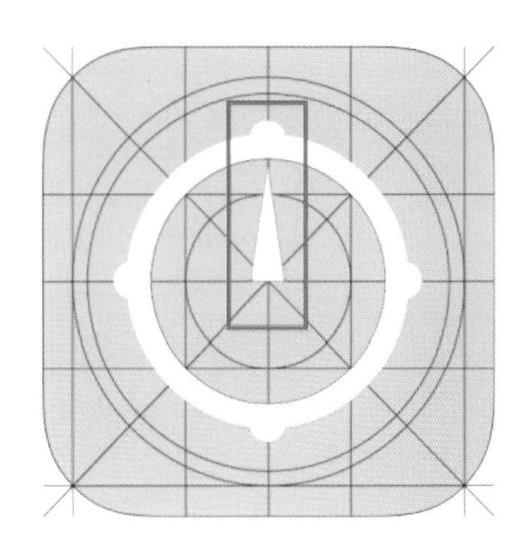

图 5–49　选择多边形工具　　图 5–50　创建一个三角形　　图 5–51　放置三角形的位置

使用直接选择工具，单击图 5–52 所示左边的节点，把它平移到图形中点的位置上，如图 5–53 所示。

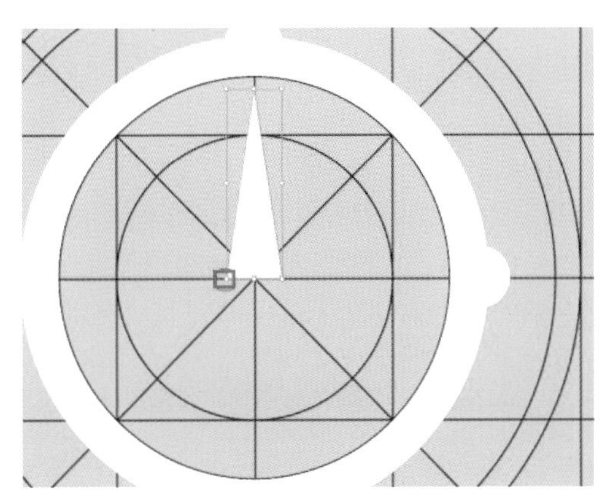

图 5–52　单击左边的节点

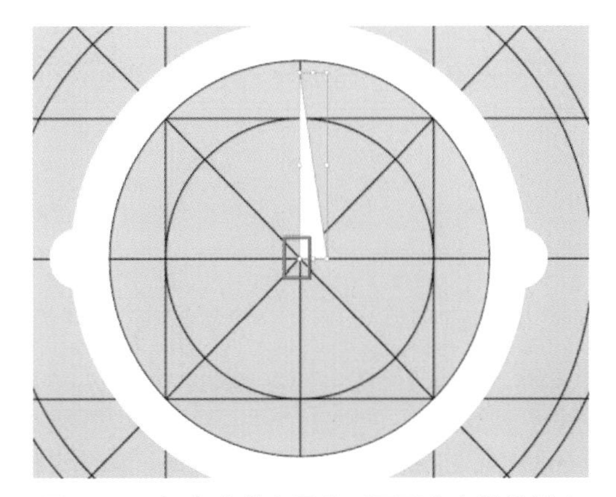

图 5–53　把左边节点平移到图形中点的位置上

单击鼠标右键，在弹出的快捷菜单中选择变换→对称，如图 5–54 所示。在弹出的“镜像”对话框内选择垂直对称，将三角形放置到图 5–55 所示的位置。选择这两个图形，再次使用对称，这次使用水平对称，如图 5–56 所示。接着选择四个三角形，在图形上右击，在弹出的快捷菜单中选择变换→旋转，设置旋转角度 45° ，如图 5–57 所示。

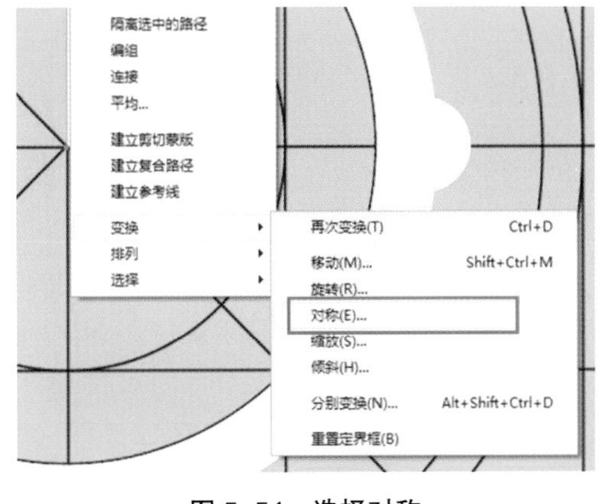

图 5–54　选择对称

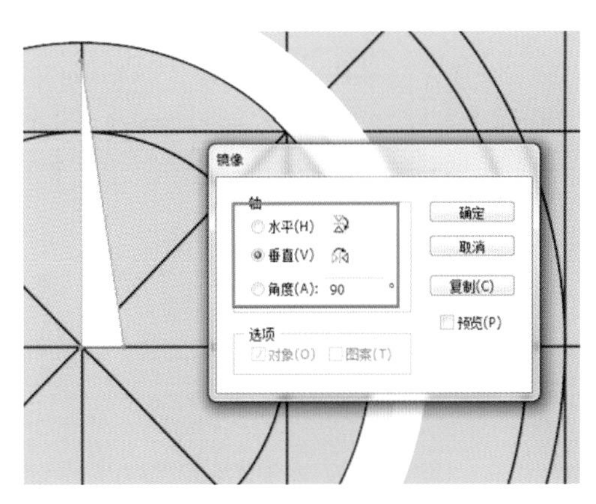

图 5–55　选择垂直对称

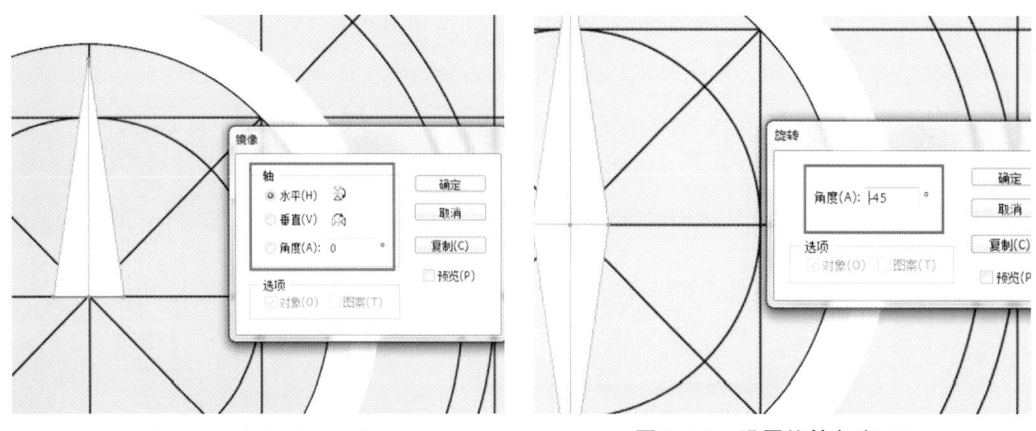

图 5-56　使用水平对称　　　图 5-57　设置旋转角度 45°

依次对这四个三角形填充颜色，分别为 #ffffff，#e5e5e5，#f9846e，#e86c60。在菜单栏上选择对象→全部解锁，如图 5-58 所示。最后移开 iOS 图标模板，指南针图标绘制完成，如图 5-59 所示。

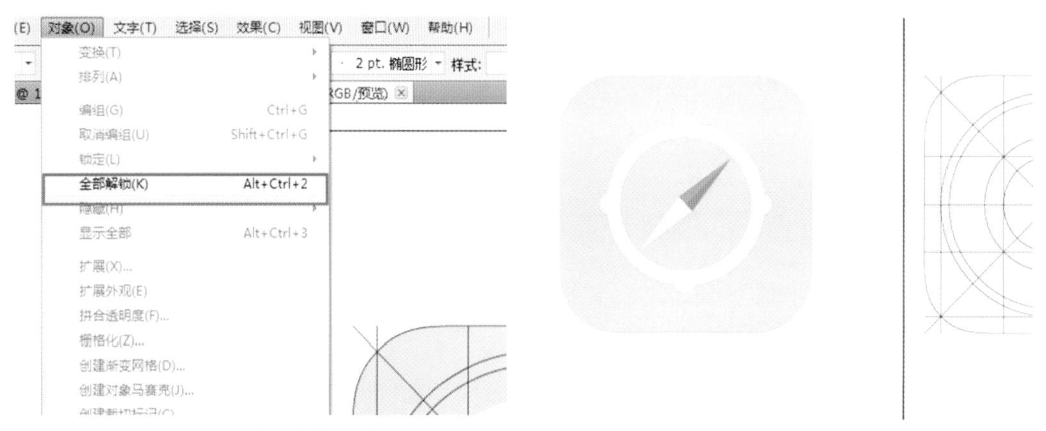

图 5-58　选择全部解锁　　　图 5-59　指南针图标绘制完成

二、“投资日记”扁平化风格图标 ICON 绘制

“投资日记”图标 ICON 的前两步与前面“指南针”图标 ICON 的步骤一致，唯一的区别是填充内部颜色为 #ff9485。随后在模板中建立几条辅助线，再建立一个圆角矩形，圆角矩形的参数如图 5-60 所示。放置好后，取消边框并填充内部颜色。再次建立一个圆角矩形，并放置在图 5-61 所示的位置，取消边框并填充内部颜色为 #ffffff。

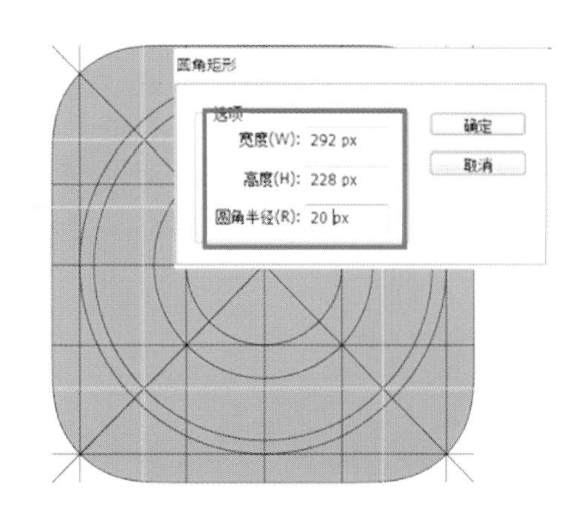

图 5-60　第一个圆角矩形的参数设置

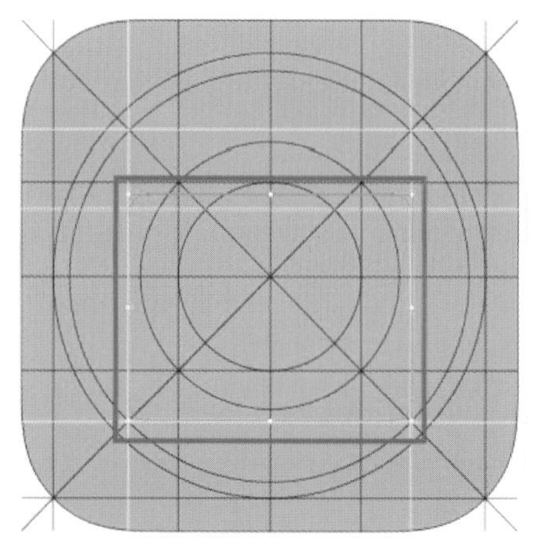

图 5-61　移动第二个圆角矩形的位置

再建立一个圆角矩形，设置参数，即宽 40px，高 78px，圆角半径 8px，如图 5–62 所示。将这个圆角矩形放置在图 5–63 所示的位置，并填充颜色 #FF9485。再建立一个圆角矩形，设置参数，即宽 30px，高 58px，圆角半径 8px，如图 5–64 所示，取消边框并填充内部颜色为 #3e3a39，将其作为一个轴。全选这两个图形，按键盘上的“Ctrl+C”后，再按“Ctrl+Shift+V”，复制出另一个轴，放置到图 5–65 所示的位置。

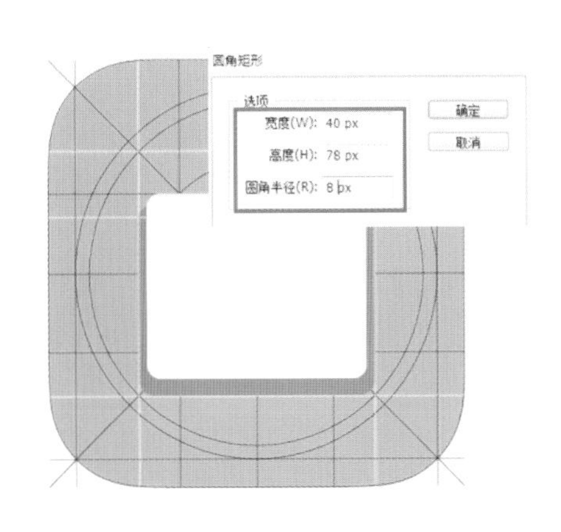

图 5–62　设置第三个圆角矩形参数

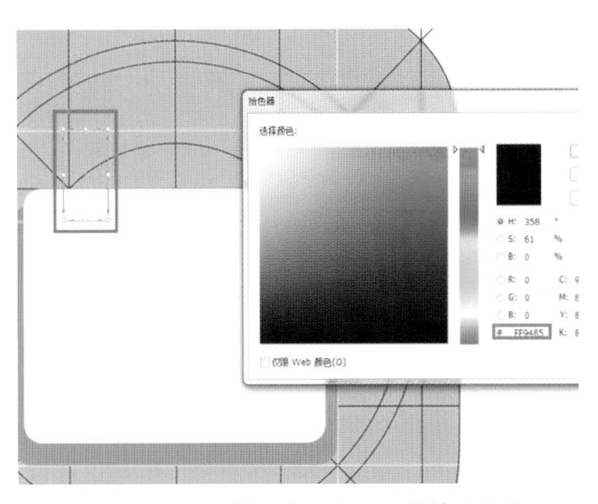

图 5–63　设置第三个圆角矩形的填充颜色

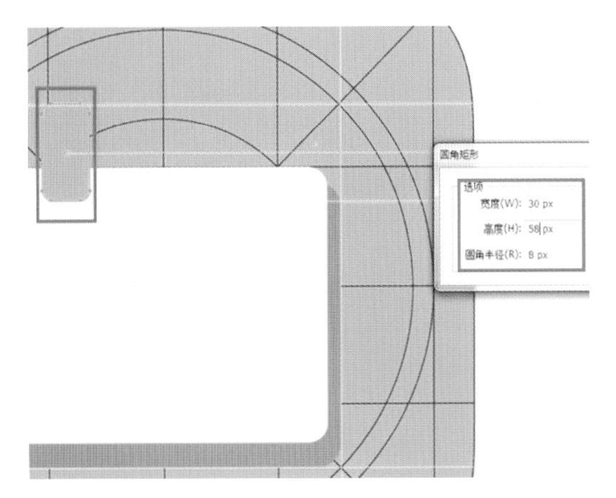

图 5–64　设置第四个圆角矩形参数

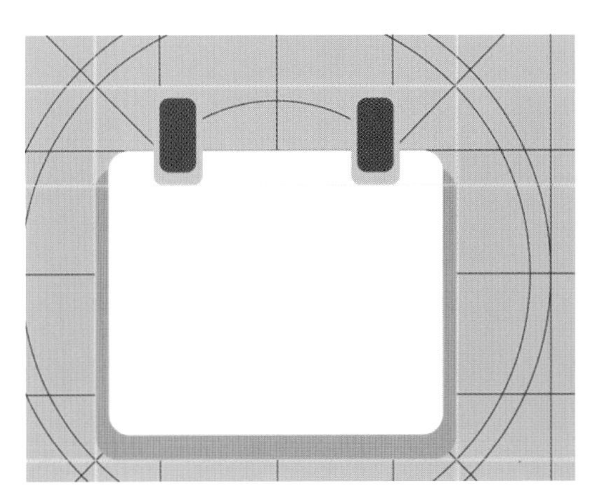

图 5–65　另一轴的放置位置

选择矩形工具，绘制线条，设置矩形的大小，如图 5–66 所示，取消边框并填充内部颜色为 #efefef，随后复制 5 份，效果如图 5–67 所示。

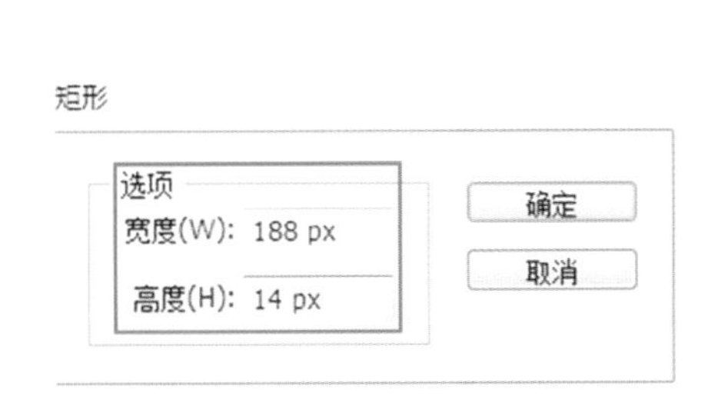

图 5–66　设置矩形的大小

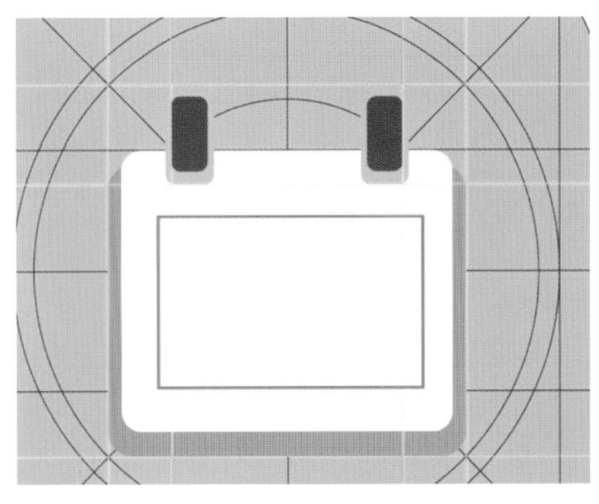

图 5–67　复制 5 份的效果

在工具栏中选择多边形工具，绘制一个三角形，如图 5–68 所示，取消边框并填充内部颜色为 #ffc127。依次建立三个矩形，并按照图 5–69 至图 5–71 所示进行设置和摆放。最终效果如图 5–72 所示。

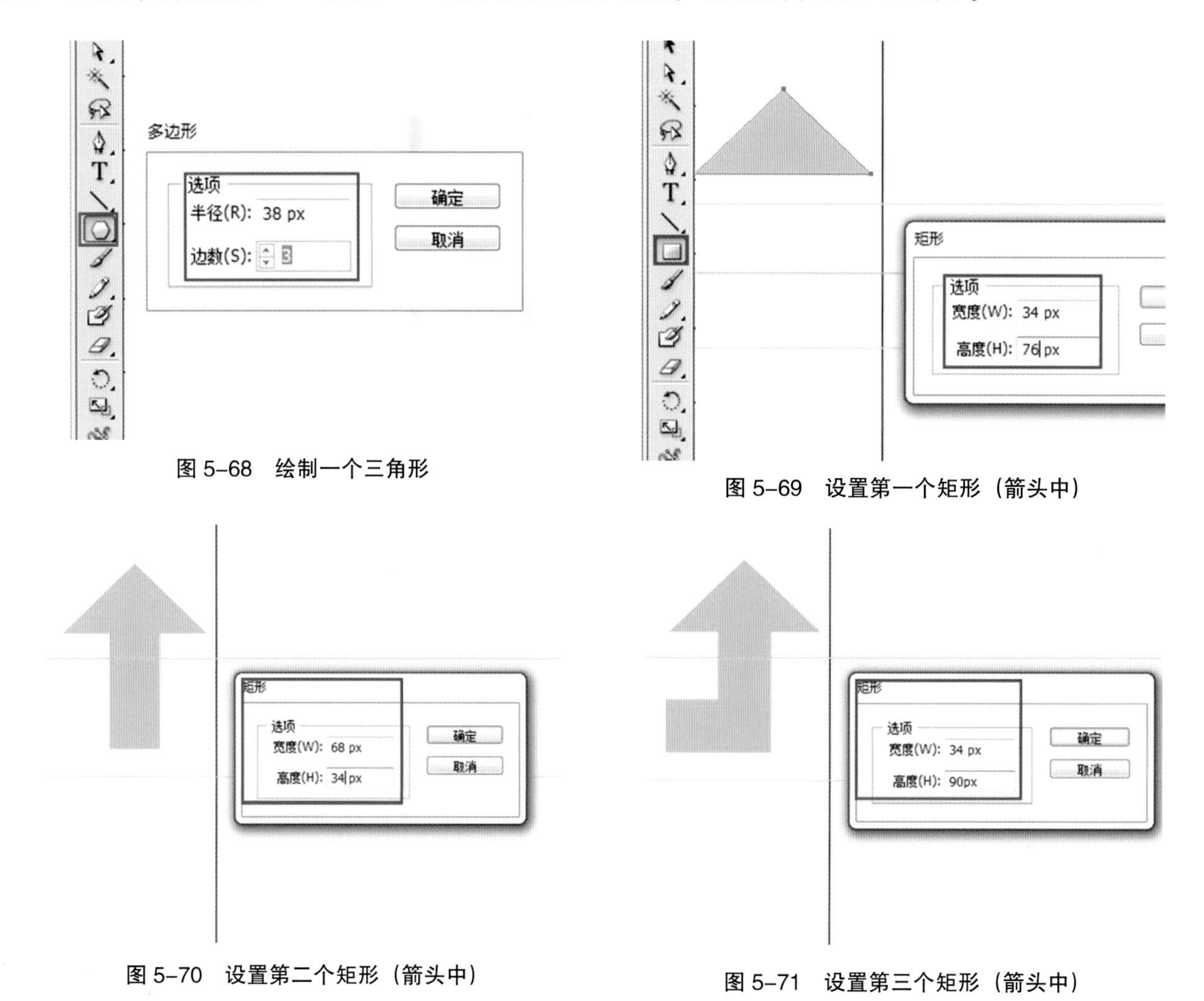

图 5–68　绘制一个三角形

图 5–69　设置第一个矩形（箭头中）

图 5–70　设置第二个矩形（箭头中）

图 5–71　设置第三个矩形（箭头中）

全选刚刚绘制的四个图形（一个三角形和三个矩形），在路径查找器面板中选择“联集”，合并各个图形。接着将图形的描边线框设置为 8px，如图 5–73 所示。在菜单栏中选择效果→风格化→圆角，如图 5–74 所示，设置圆角半径为 4px。

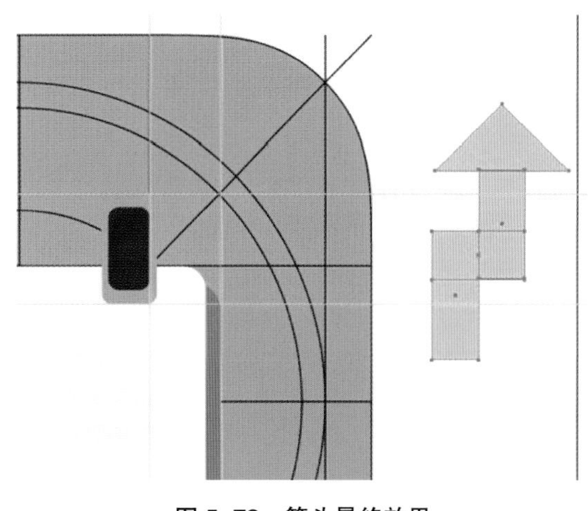

图 5–72　箭头最终效果

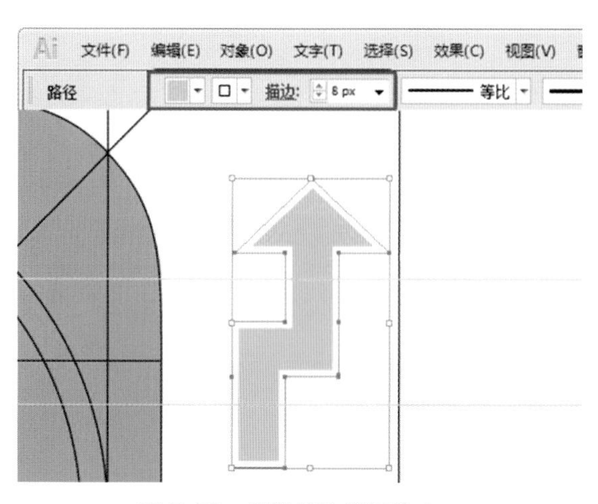

图 5–73　设置描边线框为 8px

选中图形，单击鼠标右键，在弹出的快捷菜单中选择变换→旋转，如图 5–75 所示。在弹出的“旋转”对话框中设置旋转角度为 –45°，如图 5–76 所示，并放置在图标的中间。

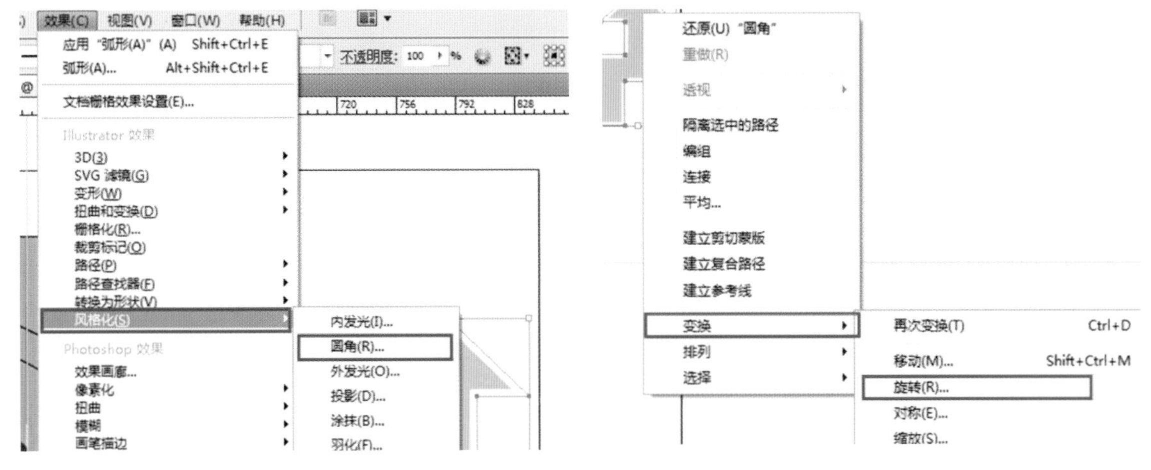

图 5–74 选择圆角　　　　图 5–75 选择旋转

在菜单栏上选择对象→全部解锁，最后移开 iOS 图标模板，图标绘制完成，如图 5–77 所示。

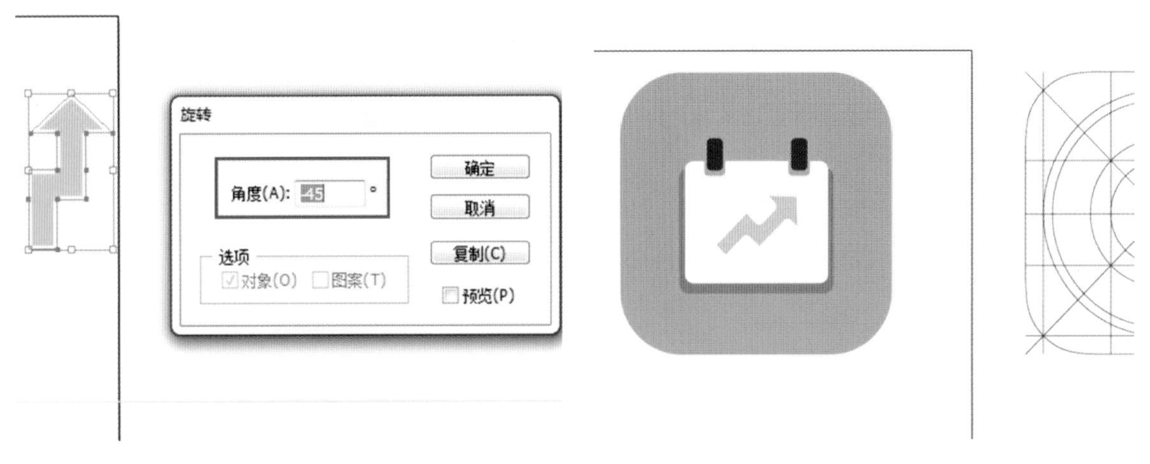

图 5–76 设置旋转角度为 –45°　　　　图 5–77 图标绘制完成

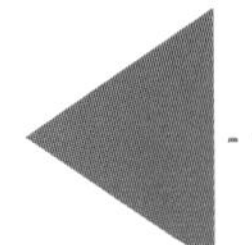

5.3 使用 Photoshop 软件绘制扁平化风格图标

Photoshop CS6 增加了对路径的描边功能，使得描边的质量与描边的圆滑度提高，于是使用 PS 绘制扁平化风格图标 ICON 变得更加容易。下面的“日历”和“云下载”两个图标案例，将使用 Photoshop 软件工具进行操作示范，希望读者可以从中掌握基本的操作手段与技巧。两个案例最终效果如图 5–78 所示。

图 5-78　日历和云下载

一、“日历”扁平化风格图标 ICON 绘制

首先，使用“Ctrl+N”新建文档，文档名称为“日历”，宽度与高度分别为 800 像素和 600 像素，分辨率为 72 像素 / 英寸，颜色模式为 RGB 颜色，背景内容为白色，如图 5-79 所示。设置画布底色为 #ff9490，便于颜色搭配的预览，如图 5-80 所示。

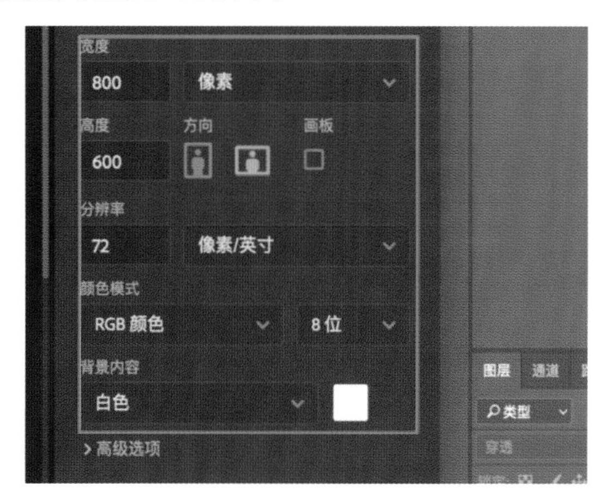

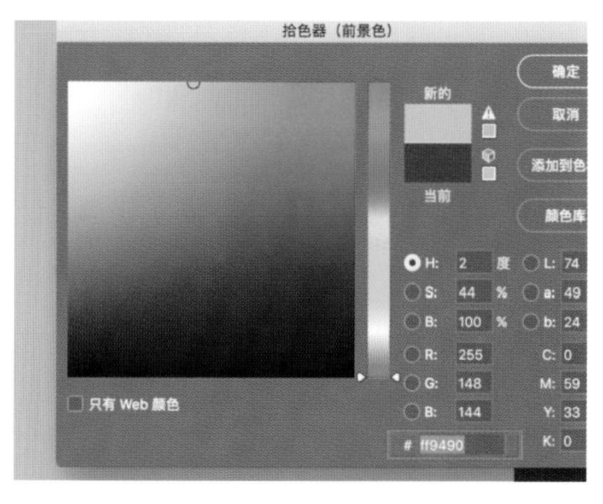

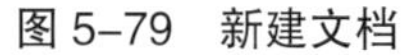
图 5-79　新建文档

图 5-80　设置画布底色为 #ff9490

使用圆角矩形工具，按住“Shift”键，画出一个长宽都为 192px、圆角半径为 16px 的圆角正方形，将其作为日历的底部，填充颜色 #ffffff，如图 5-81 所示。再次利用圆角矩形工具，按住“Shift”键，画出一个长宽都为 176px、圆角半径为 12px 的圆角正方形，将其作为内部的方形，填充蓝色 #70afef，如图 5-82 所示。

图 5-81　圆角正方形作为日历的底部，填充颜色 #ffffff

图 5-82　填充蓝色 #70afef

为蓝色的圆角正方形选择颜色较为深一点的“内阴影”图层样式，这样看起来更加有厚度感。具体设置混合模式为正片叠底，不透明度 35%，角度 90 度，勾选“使用全局光”，距离 2 像素，阻塞 0%，大小 2 像素，如图 5–83 所示。用文字工具输入 22 的日历号码，选择字体为方正兰亭粗黑 _GBK，字号大小为 80 点，并且按住“Option”键将字体这个图层置于下面图层，给字体添加投影的图层样式，具体数值如图 5–84 所示。

图 5–83　内阴影参数设置（日历）

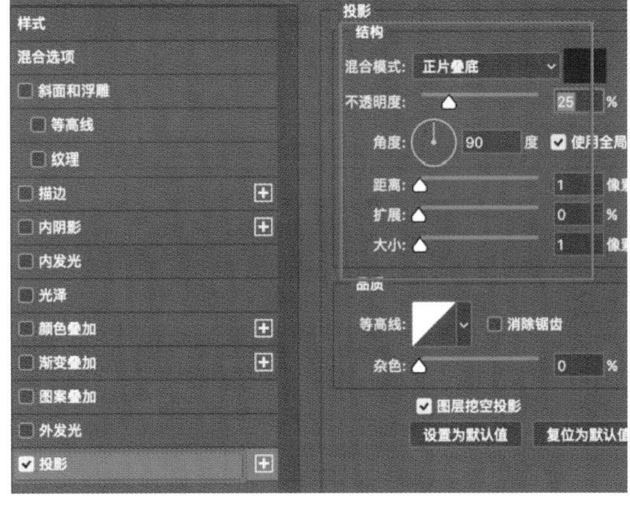

图 5–84　投影参数设置（日历）

用矩形工具画一个大小正好能够覆盖蓝色圆角矩形的图形，填充较深的颜色，并且按住“Option”键将这个图层置于蓝色圆角矩形图层下面，给该图层设置蒙版，在蒙版上用渐变工具制作从白色到黑色的线性渐变，使得日历看上去有折页效果，如图 5–85 所示。再用圆形工具画出图 5–86 所示的大小合适的四个正圆，调整它们的位置，作为日历的线孔。

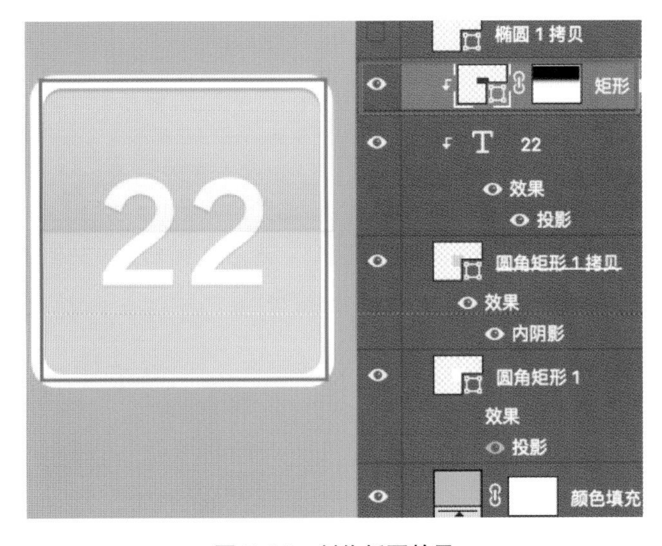

图 5–85　制作折页效果

图 5–86　制作日历的线孔

用圆角矩形工具在两点之间画出圆角矩形，并且为其添加“渐变叠加”图层样式，具体数值设置：混合模式正常，不透明度 40%，渐变色彩 #6b96ca、#dfedff，样式线性，勾选“与图层对齐”，如图 5–87 所示。将上一步画出的圆角矩形复制一个，放置到右边圆点处的位置，如图 5–88 所示。

在图标中输入 6 月的英文缩写并放在底部，如图 5–89 所示。最后回到最开始画的白色圆角矩形的图层，为该图层添加“投影”图层样式，如图 5–90 所示，使整个图标 ICON 看上去更加有质感。

图 5-87　渐变叠加参数设置（日历）

图 5-88　复制一个放到右边圆点处的位置

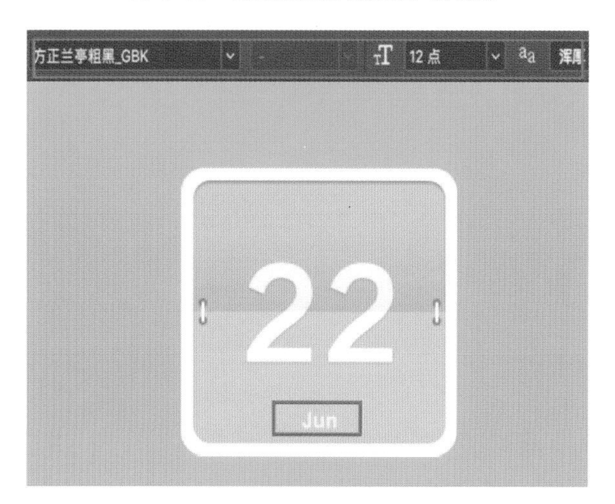

图 5-89　输入 6 月的英文缩写并放在底部

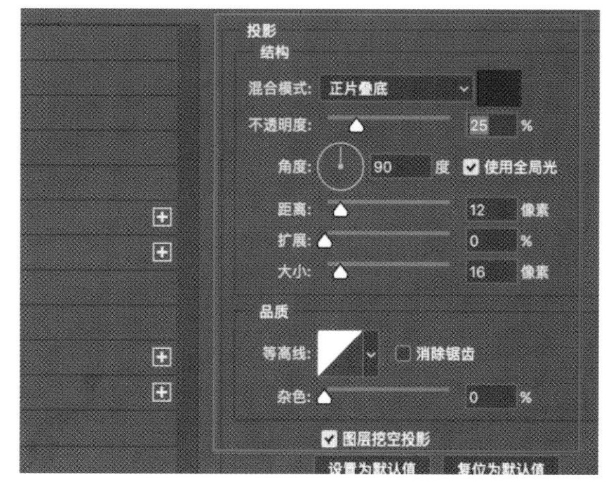

图 5-90　添加“投影”图层样式

二、“云下载”扁平化风格图标 ICON 绘制

在“云下载”图标的制作中，新建文档的设置与上面日历的设置相同，创建完毕后给这一图层填充纯蓝色“#566271”的底色，如图 5-91 所示。然后使用圆形工具画出大小不一的 4 个正圆，再用矩形工具放在最底部，让四个圆和矩形拼凑为一个云的形状，如图 5-92 所示。

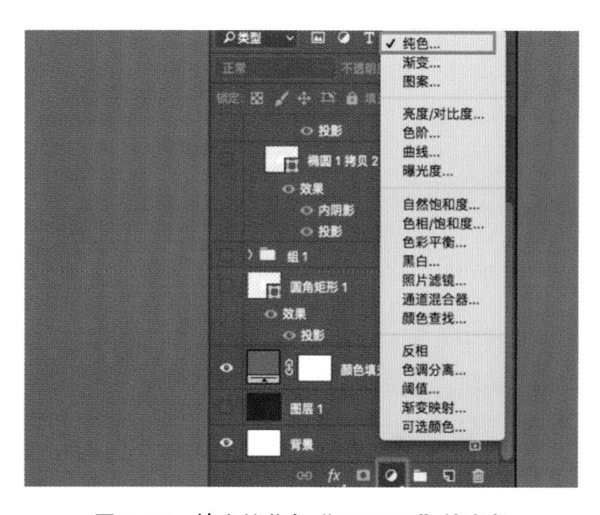

图 5-91　填充纯蓝色“#566271”的底色

图 5-92　拼凑为一个云的形状

按住“Shift”键全选刚刚画的所有形状，将其合并，如图 5-93 所示。合并图层后为一朵云的形状，并对这个形状添加蓝色内阴影的图层样式，色彩值为 #a4d1ff，如图 5-94 所示。

再给云朵添加投影的图层样式，色彩为 #282e3a，使其更有厚度感，如图 5-95 所示。然后使用矩形工具画出箭头的尾部，再用多边形工具画出一个三角形做箭头的头部，并将其合并在一起，如图 5-96 所示。

给箭头添加纯白色的投影图层样式，使其看上去有凸起感，如图 5-97 所示。再给箭头添加内阴影图层样式，使箭头有一定的细节感，如图 5-98 所示。完成的最终效果如图 5-99 所示。

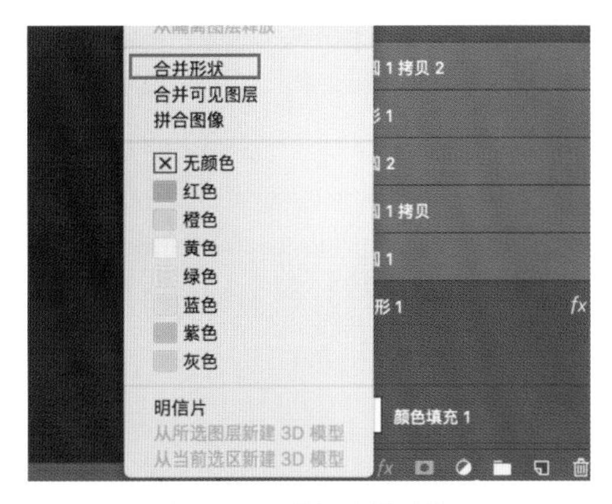

图 5-93　选择合并形状

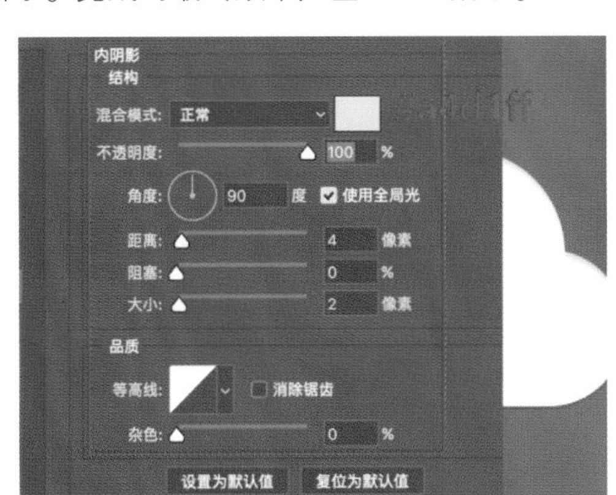

图 5-94　色彩值为 #a4d1ff

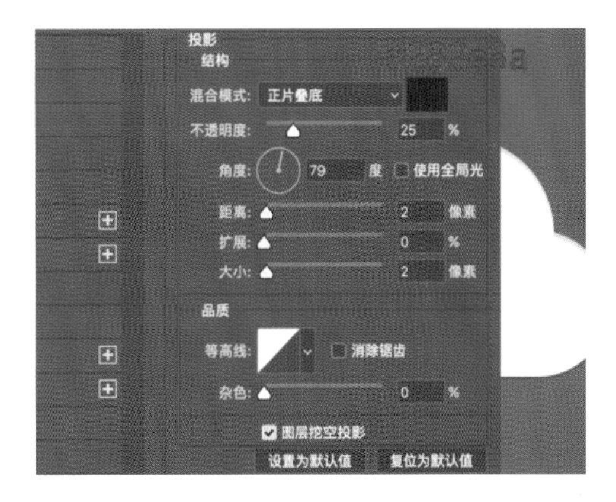

图 5-95　色彩为 #282e3a

图 5-96　画出箭头头部并与尾部合并在一起

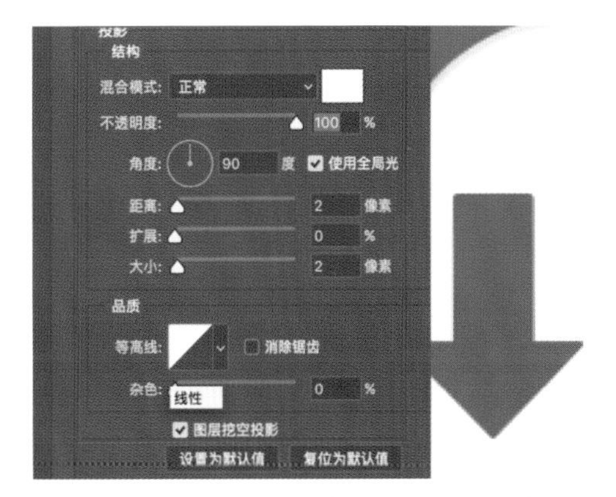

图 5-97　添加纯白色的投影图层样式

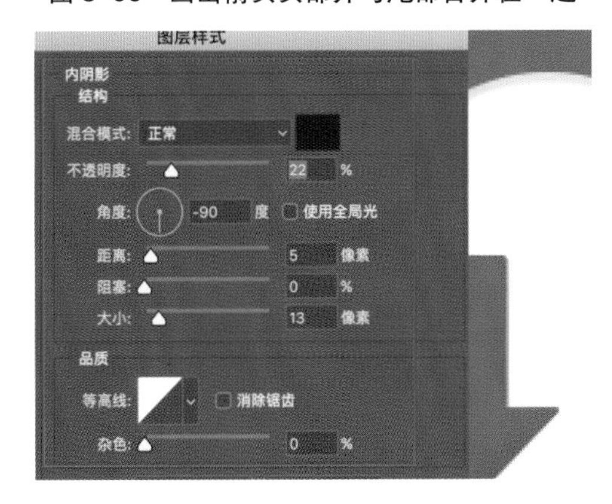

图 5-98　再给箭头添加内阴影图层样式

图 5-99　完成的最终效果

5.4 使用 Photoshop 软件绘制拟物化风格图标

拟物化风格图标 ICON 一般使用生活中原有的物象来反映产品的功能，因此对物象的光影与质感的表现尤为重要，这对于 Photoshop 软件工具来说较容易表达。只是为了拟物化的真实效果，操作的步骤比较烦琐，在以下“播放器”“照相机”两个拟物化图标案例中，尽可能地将所有的操作完整呈现，希望读者可以依据步骤耐心阅读，并从中掌握基本的操作手段与技巧。两个案例的最终效果如图 5–100 所示。

图 5–100 “播放器”和“照相机”

一、“播放器”拟物化风格图标 ICON 绘制

“播放器”拟物化风格图标 ICON 绘制的步骤可以分解为三个部分：首先是“播放器”机身部分的绘制；其次为“播放器”枢纽杆的绘制；最后是“播放器”喇叭与开关的绘制。下面分别介绍各个部分的绘制。

（一）“播放器”图标 ICON 机身部分的绘制

首先按“Ctrl+N”新建文档，文档名称为播放器，宽度与高度都为 1000 像素，分辨率为 72 像素 / 英寸，颜色模式为 RGB 颜色，背景内容为白色。打开“高级”选项，颜色配置文件选为“不要对此文档进行色彩管理”，像素长宽比选为“方形像素”，如图 5–101 所示。之后为其添加渐变叠加图层样式，参数设置如图 5–102 所示。

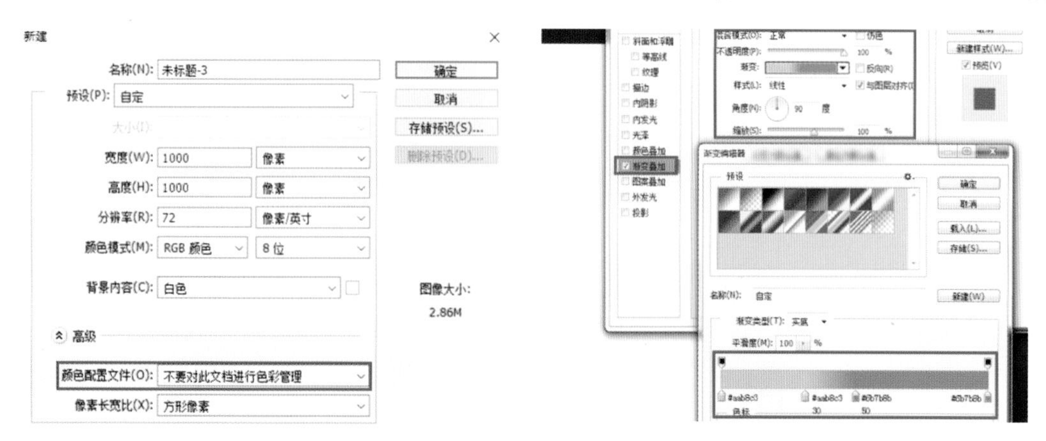

图 5–101 “新建”对话框　　图 5–102 渐变叠加参数设置（1）

使用圆角矩形工具在画布上绘制一个 300 像素 × 300 像素、半径为 60 像素的图形，注意去除描边，如图 5-103 所示。双击该图层打开“图层样式”对话框，勾选“斜面和浮雕”，参数设置如图 5-104 所示，设置颜色叠加，如图 5-105 所示。

图 5-103　绘制图形（1）

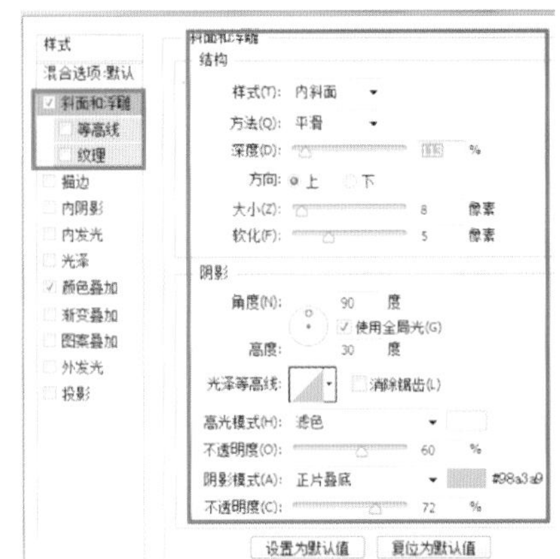

图 5-104　斜面和浮雕参数设置（1）

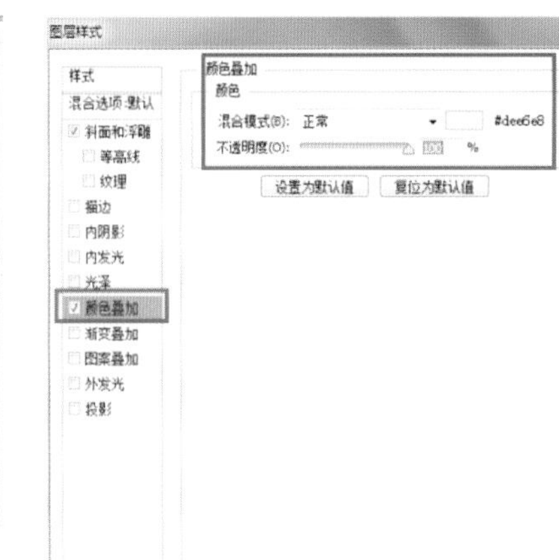

图 5-105　颜色叠加设置（1）

使用椭圆工具绘制一个图 5-106 所示大小的圆形，作为摆放唱片的凹槽。双击打开“图层样式”对话框，勾选“渐变叠加”，参数设置如图 5-107 所示。添加投影图层样式，参数的设置如图 5-108 所示。

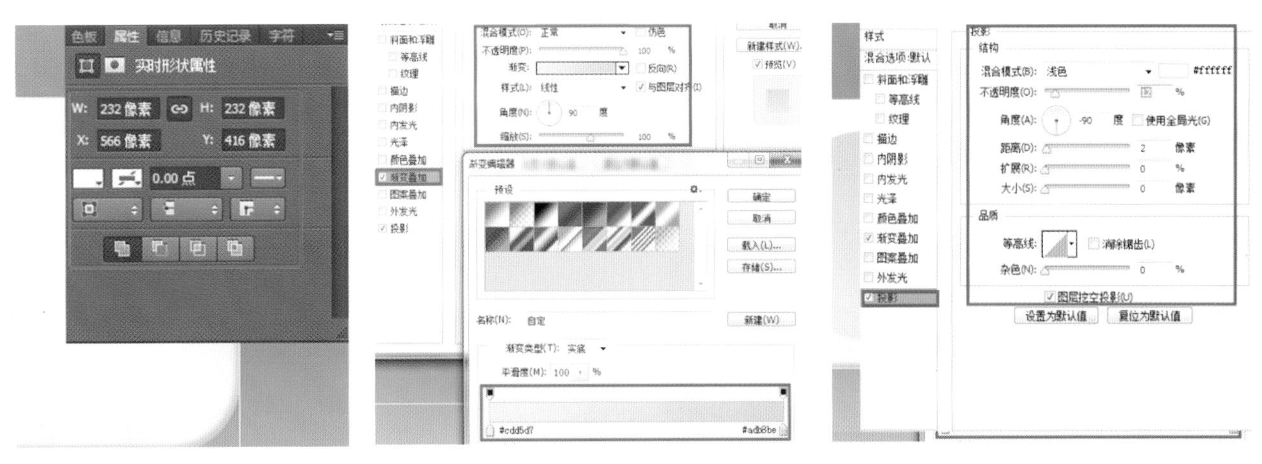

图 5-106　绘制图形（2）　　图 5-107　渐变叠加参数设置（2）　　图 5-108　投影参数设置（1）

再次绘制一个图 5-109 所示大小的圆形，作为唱片的黑色胶片。进入图层样式，勾选“描边”“内阴影”“渐变叠加”，分别进行参数设置，如图 5-110 至图 5-112 所示。

图 5-109　绘制图形（3）

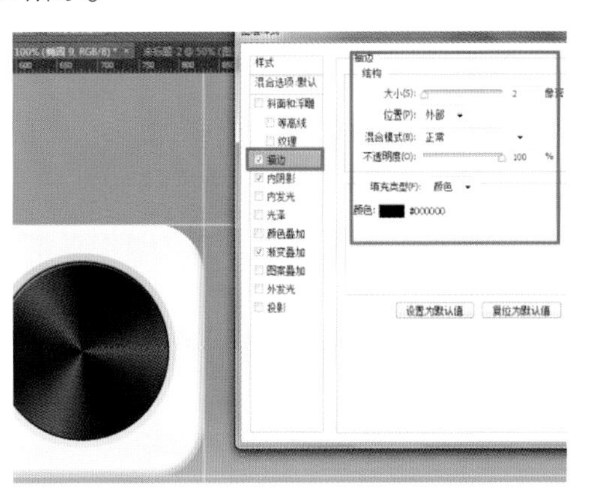

图 5-110　描边参数设置（1）

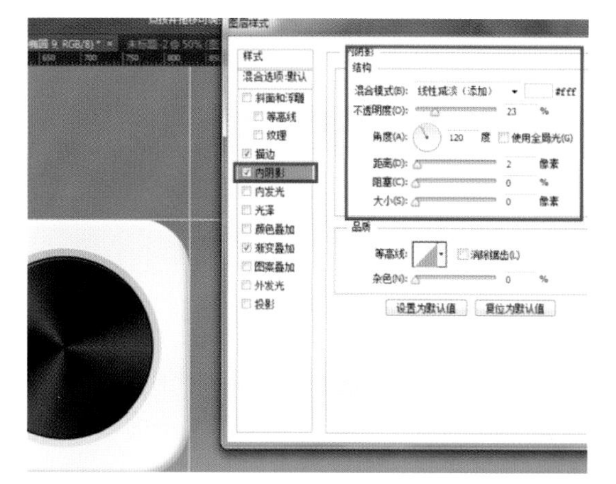

图 5-111　内阴影参数设置（1）

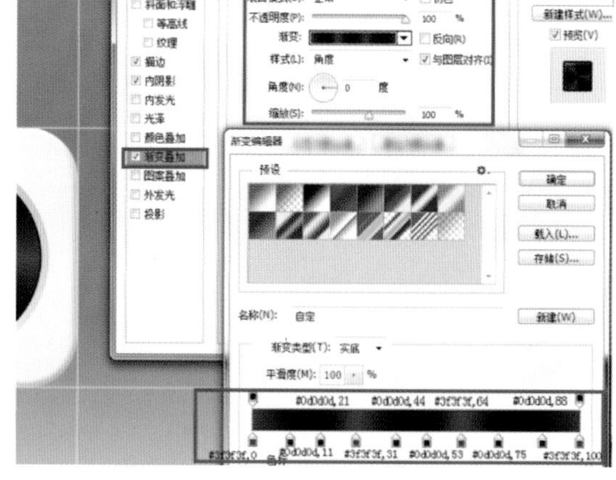

图 5-112　渐变叠加参数设置（3）

通过以上绘制，一个播放器的总体框架就完成了，现在来制作唱片的纹理效果。首先使用矩形工具绘制一个图形，如图 5-113 所示。然后对正方形添加滤镜效果→杂色→添加杂色，这个时候会弹出“添加杂色”对话框，显示是否栅格化图层，单击“确定”按钮便可，如图 5-114 所示。使用“Ctrl+ 鼠标中键”单击正方形图层，此时图形会形成选区，再对图层添加滤镜→模糊→径向模糊，如图 5-115 所示，这样做的目的是模糊只在选区内进行。再次按住键盘上的“Ctrl”键，单击上一个图形，显示圆形选区，再单击方形图形图层，单击“添加图层蒙版”，将超出选区的部分隐藏起来，调节图层混合模式为线性加深，最后得到的效果如图 5-116 所示。

图 5-113　绘制图形（4）

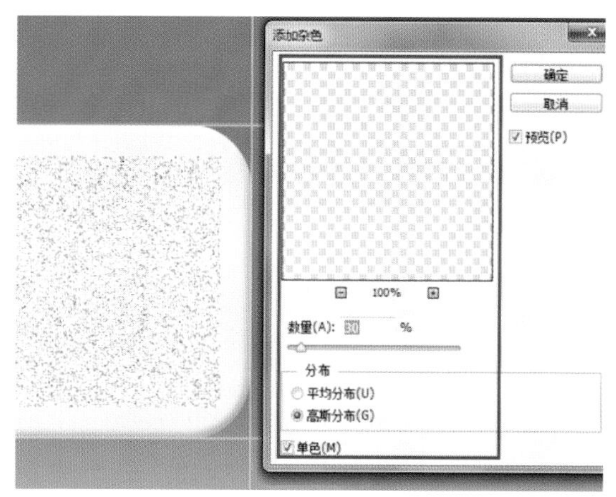

图 5-114　栅格化图层

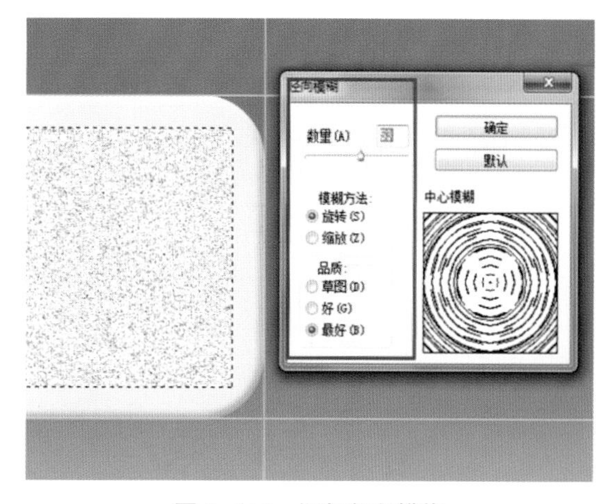

图 5-115　添加径向模糊

图 5-116　添加纹理的最终效果

现在绘制唱片中间的圆形，尺寸如图 5–117 所示。双击进入图层样式，勾选“描边”“内阴影”“颜色叠加”“投影”，分别进行参数的设置，如图 5–118 至图 5–121 所示。

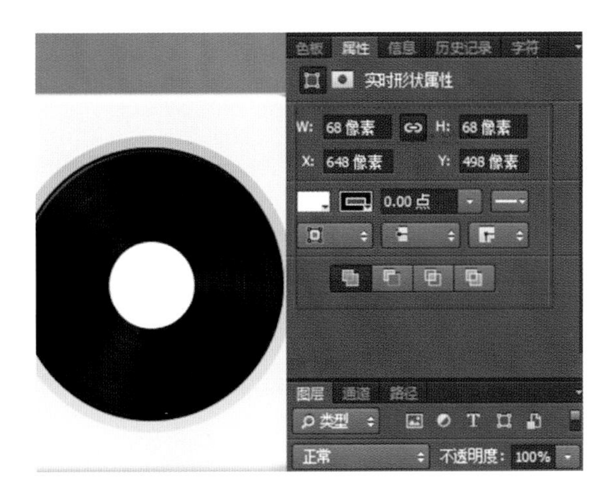

图 5–117　唱片中间圆形的尺寸

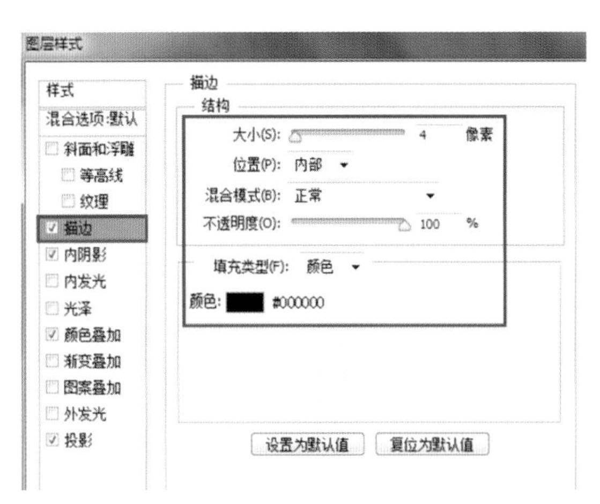

图 5–118　描边参数设置（2）

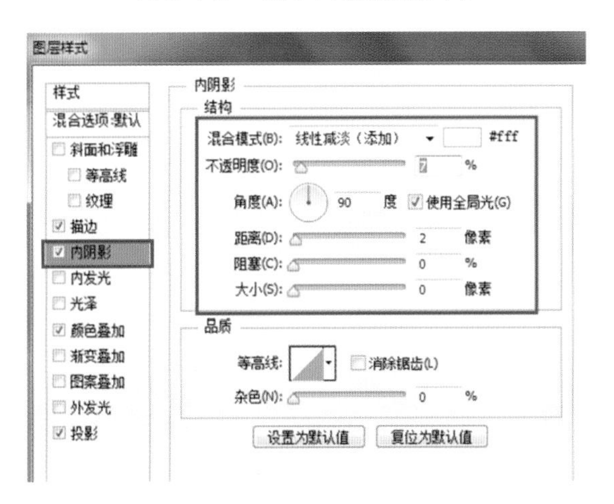

图 5–119　内阴影参数设置（2）

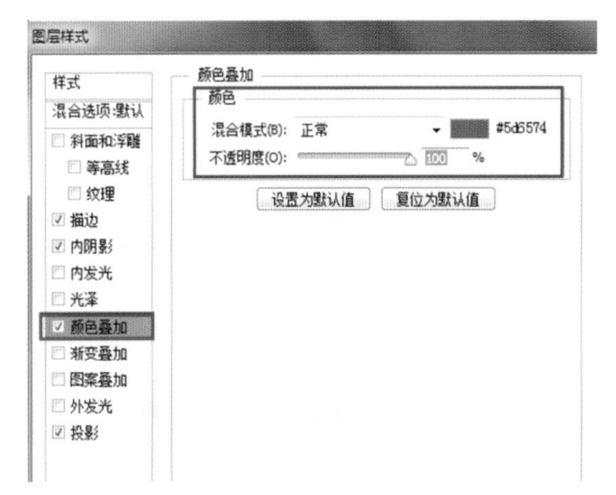

图 5–120　颜色叠加参数设置（2）

现在绘制唱片中间的圆形小点，尺寸如图 5–122 所示。双击进入图层样式，勾选“描边”“渐变叠加”“投影”，分别按图 5–123 至图 5–125 所示进行参数的设置。最后选择椭圆工具，在上方绘制一个图 5–126 所示尺寸的小点，作为它的高光。“播放器”图标 ICON 机身部分绘制完成。

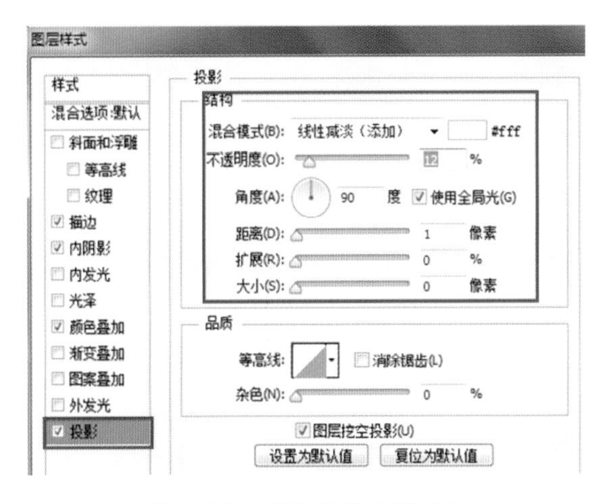

图 5–121　投影参数设置（2）

图 5–122　唱片中间圆形小点尺寸

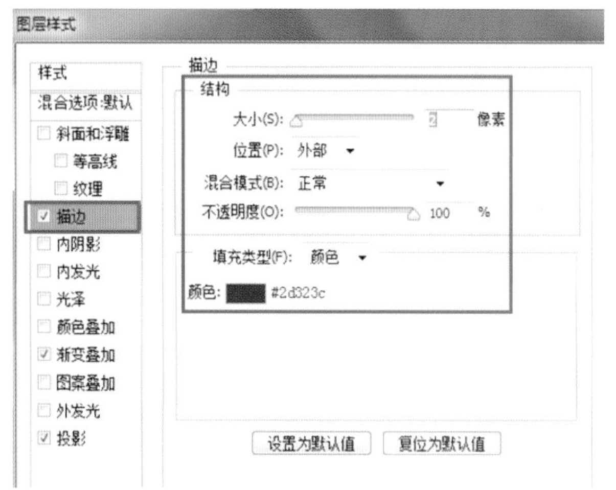

图 5-123　描边参数设置（3）

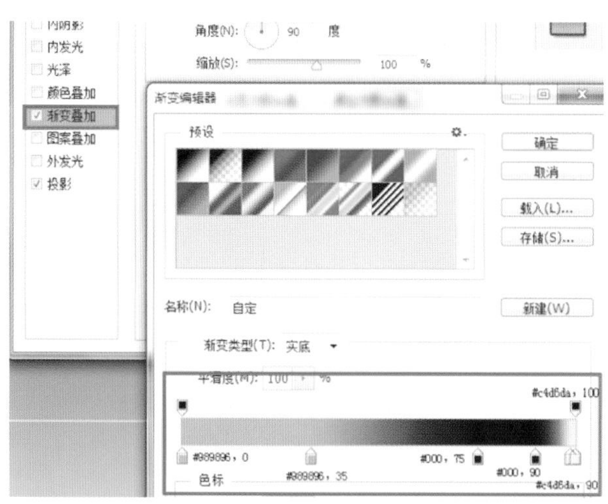

图 5-124　渐变叠加参数设置（4）

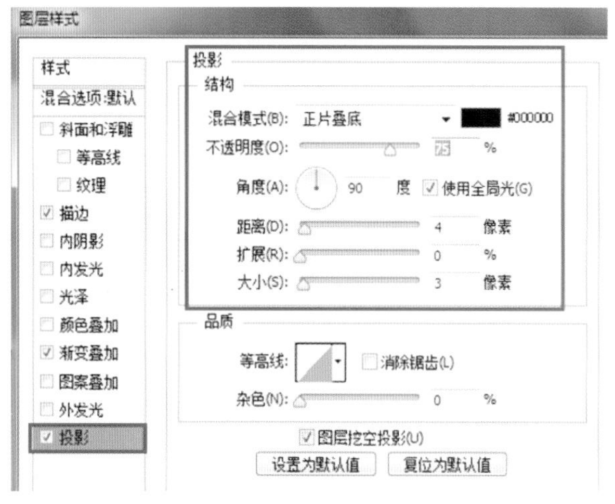

图 5-125　投影参数设置（3）

图 5-126　机身部分绘制完成

（二）“播放器”图标 ICON 枢纽杆的绘制

“播放器”枢纽的绘制：首先使用椭圆工具，在播放器的右上方绘制一个图 5-127 所示的圆形；双击进入图层样式，勾选“颜色叠加”，按图 5-128 所示进行参数设置。

图 5-127　绘制图形（5）

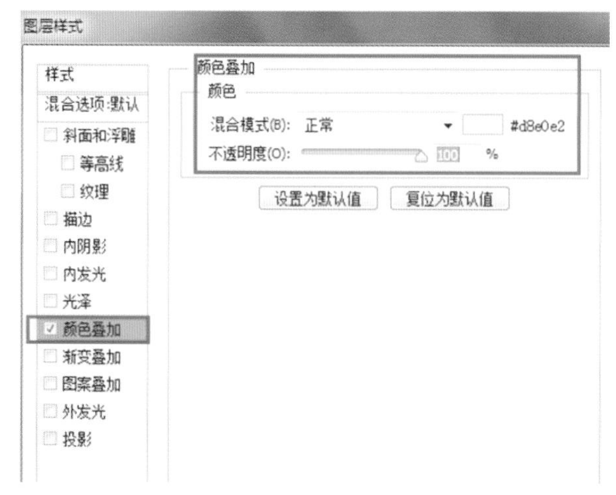

图 5-128　颜色叠加参数设置（3）

“播放器”轴杆的绘制：使用钢笔工具绘制一条曲线，如图 5-129 所示；双击进入图层样式，勾选“斜面和浮雕”“描边”“内发光”“投影”，分别按照图 5-130 至图 5-133 所示进行参数的设置。

图 5-129　绘制一条曲线

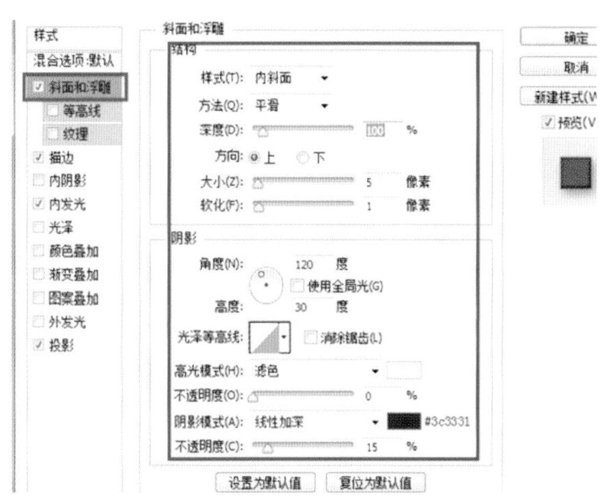

图 5-130　斜面和浮雕参数设置（2）

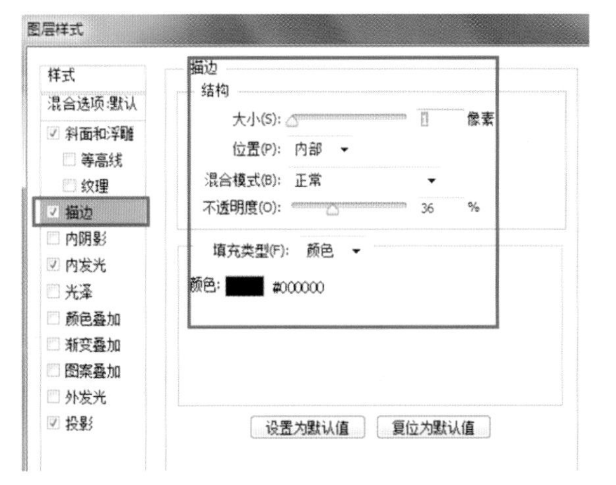

图 5-131　描边参数设置（4）

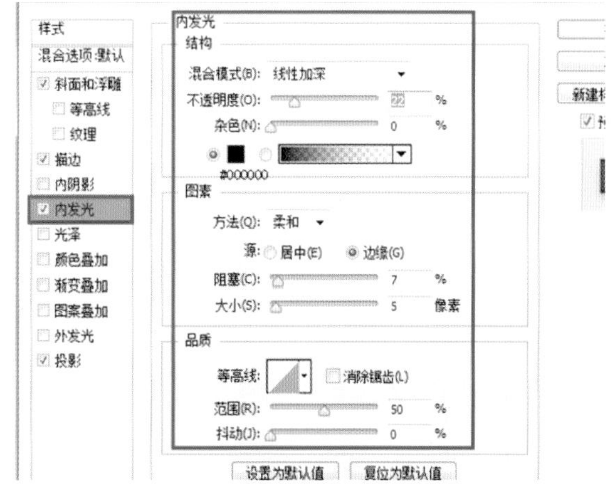

图 5-132　内发光参数设置（1）

复制上一条曲线图层，向右移动一个像素，再重新调整图层样式中的“描边”，如图 5-134 所示，添加“内发光”如图 5-135 所示，“外发光”如图 5-136 所示。

图 5-133　投影参数设置（4）

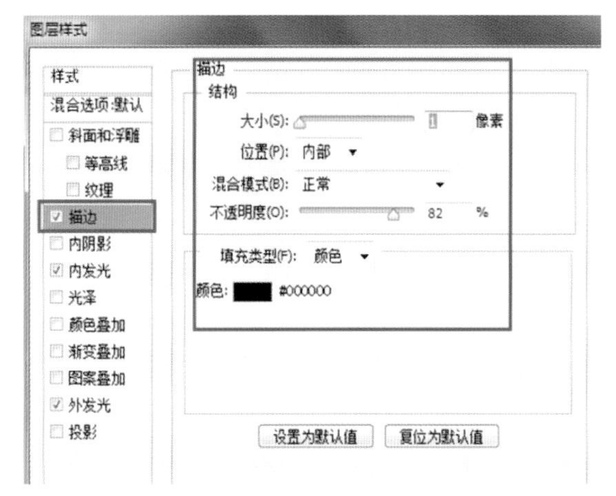

图 5-134　描边参数设置（5）

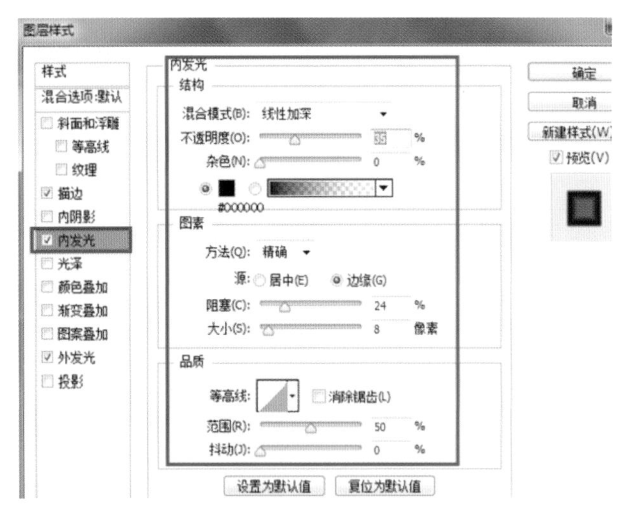

图 5-135 内发光参数设置（2）

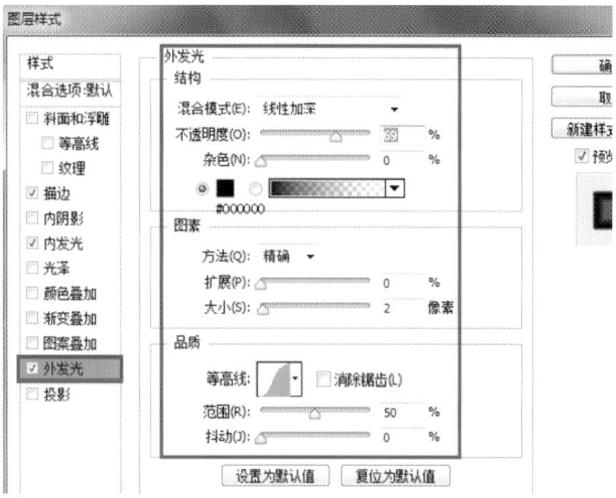

图 5-136 外发光参数设置（1）

绘制图 5-137 所示大小的矩形，放在轴的上方，双击进入图层样式，勾选“描边”“渐变叠加”“投影”，分别按图 5-138 至图 5-140 所示进行参数的设置。

图 5-137 绘制图形（6）

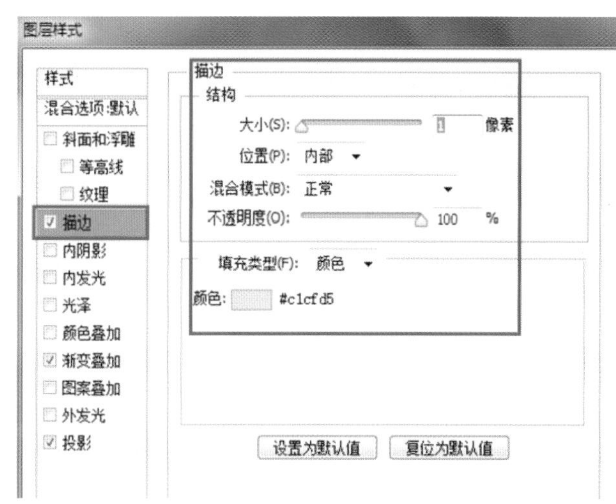

图 5-138 描边参数设置（6）

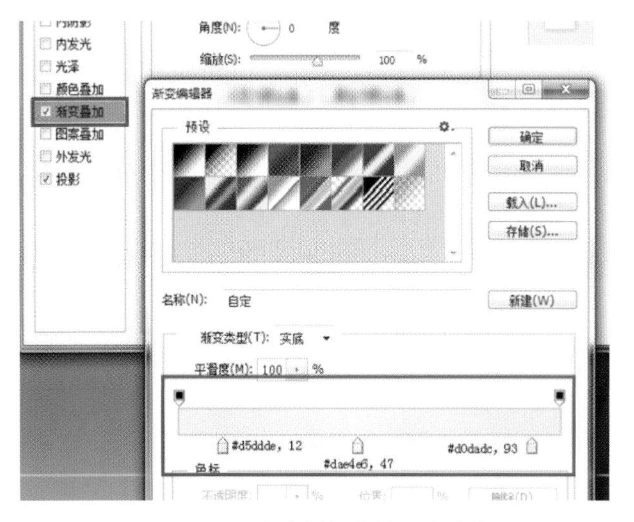

图 5-139 渐变叠加参数设置（5）

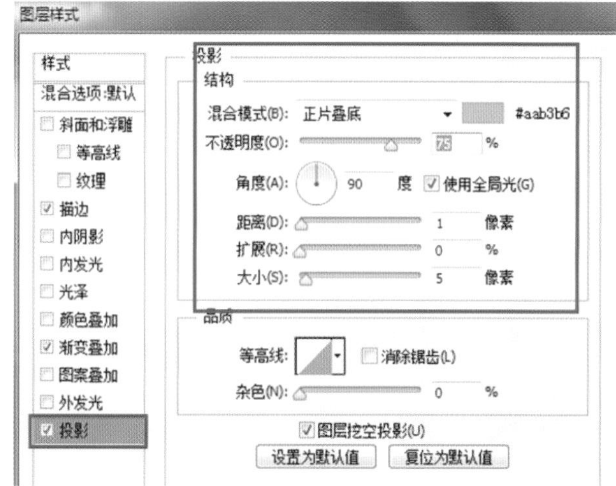

图 5-140 投影参数设置（5）

绘制图 5–141 所示大小的圆形，作为轴线的枢纽按键。双击进入图层样式，勾选“描边”“内阴影”“颜色叠加”“外发光”“投影”，分别按图 5–142 至图 5–146 所示进行参数的设置。

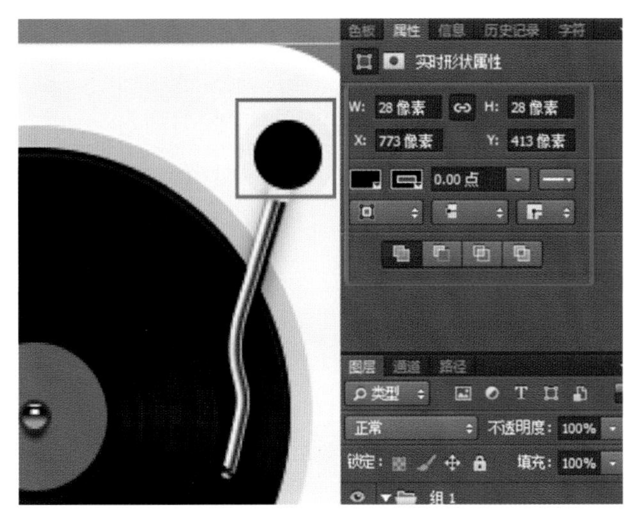

图 5–141 绘制图形（7）

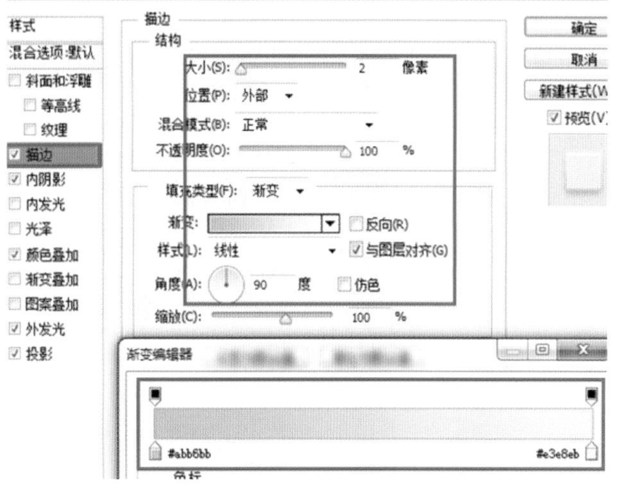

图 5–142 描边参数设置（7）

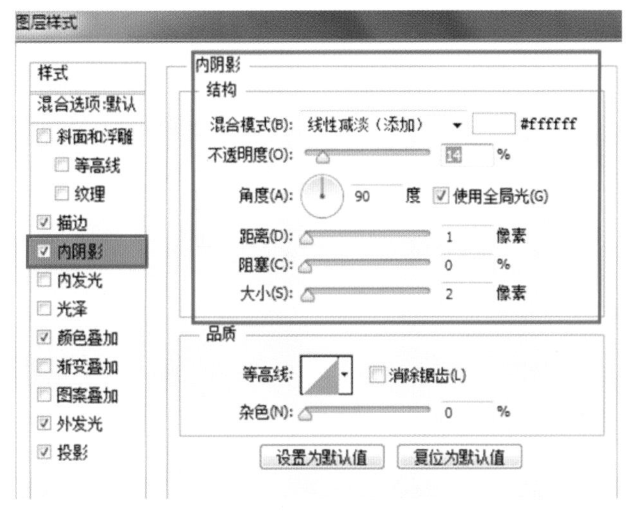

图 5–143 内阴影参数设置（3）

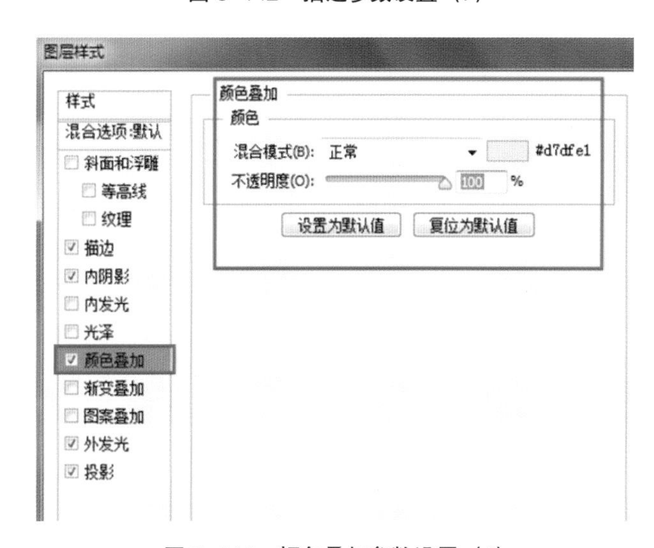

图 5–144 颜色叠加参数设置（4）

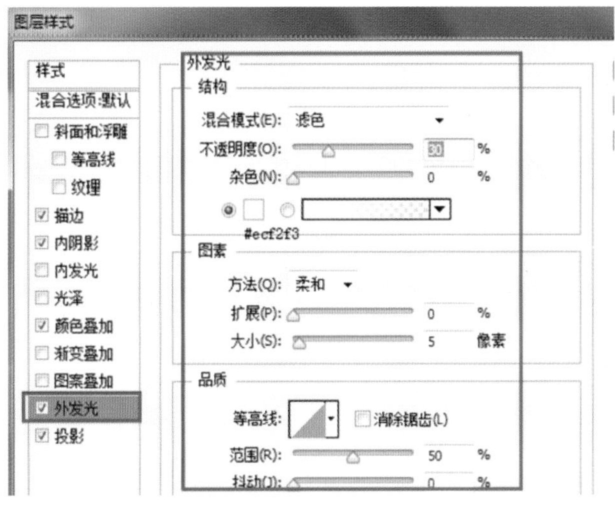

图 5–145 外发光参数设置（2）

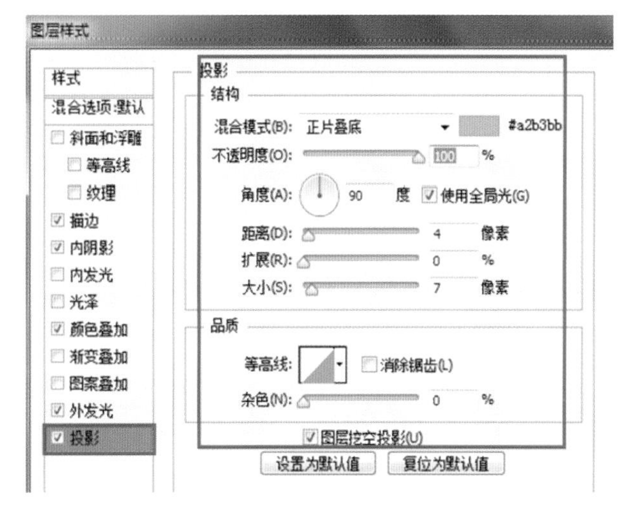

图 5–146 投影参数设置（6）

绘制图 5–147 所示大小的圆角矩形，放在轴线的下端。双击进入图层样式，勾选“内阴影”（见图 5–148）与“渐变叠加”（见图 5–149），分别按图进行参数的设置。

图 5–147 绘制图形（8）

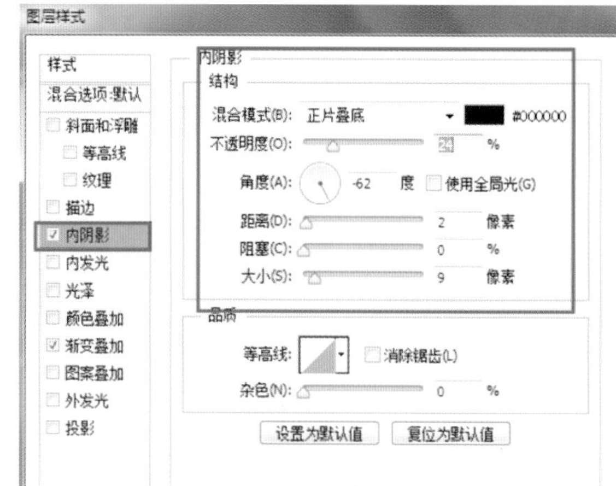

图 5–148 内阴影参数设置（4）

绘制一个矩形，放置到图 5–150 所示的位置，作为留声机的唱针。双击进入图层样式，勾选“渐变叠加”（见图 5–151）与“投影”（见图 5–152），分别按图进行参数的设置。

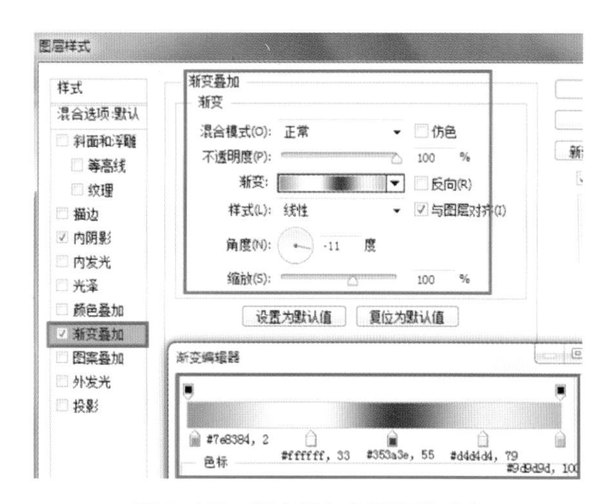

图 5–149 渐变叠加参数设置（6）

图 5–150 绘制图形（9）

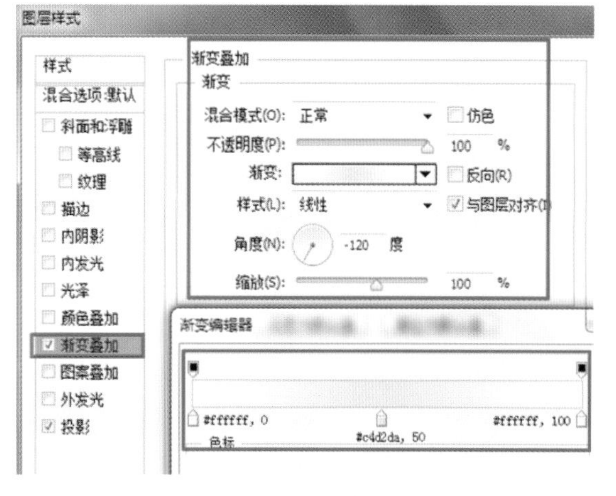

图 5–151 渐变叠加参数设置（7）

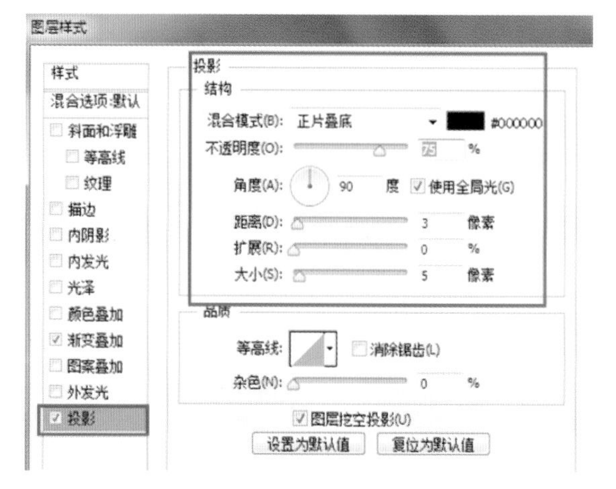

图 5–152 投影参数设置（7）

绘制一个图 5-153 所示的梯形，摆放在唱针的上方作为唱机的针头。双击进入图层样式，勾选“斜面和浮雕”“内阴影”“颜色叠加”“投影”，分别按图 5-154 至图 5-157 所示进行参数的设置。“播放器”枢纽杆绘制完成。

图 5-153　绘制图形（9）

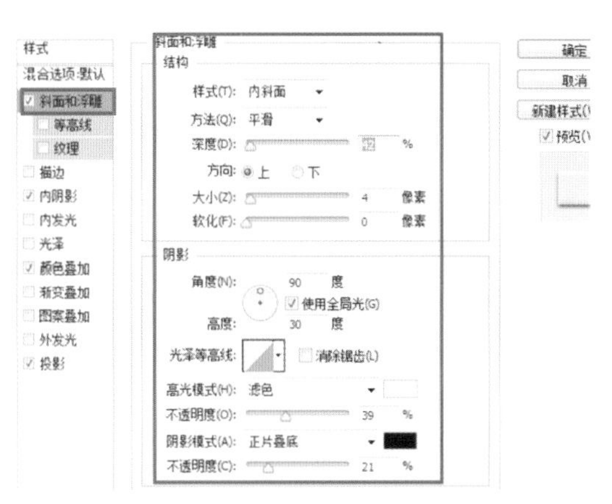

图 5-154　斜面和浮雕参数设置（3）

图 5-155　内阴影参数设置（5）

图 5-156　颜色叠加参数设置（5）

（三）“播放器”图标 ICON 喇叭与开关的绘制

现在制作“播放器”的喇叭。绘制一个图 5-158 所示尺寸的圆形，进入图层样式，勾选“渐变叠加”（见图 5-159）与“投影”（见图 5-160），分别按图进行参数的设置。

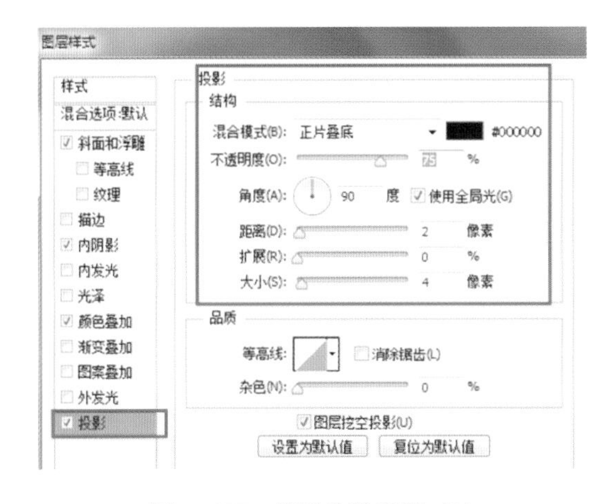

图 5-157　投影参数设置（8）

图 5-158　绘制图形（10）

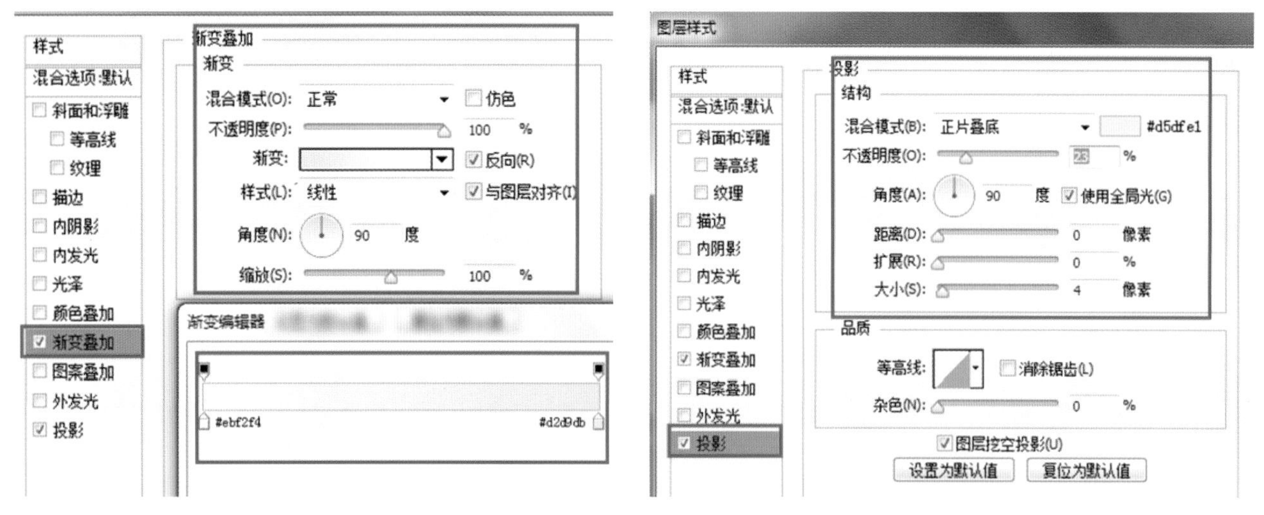

图 5-159　渐变叠加参数设置（8）　　图 5-160　投影参数设置（9）

在上一个圆形上垂直水平居中绘制一个图 5-161 所示大小的圆形，双击进入图层样式，勾选“内阴影”“渐变叠加”“投影”，分别按图 5-162 至图 5-164 所示进行参数的设置。

图 5-161　绘制图形（11）　　图 5-162　内阴影参数设置（6）

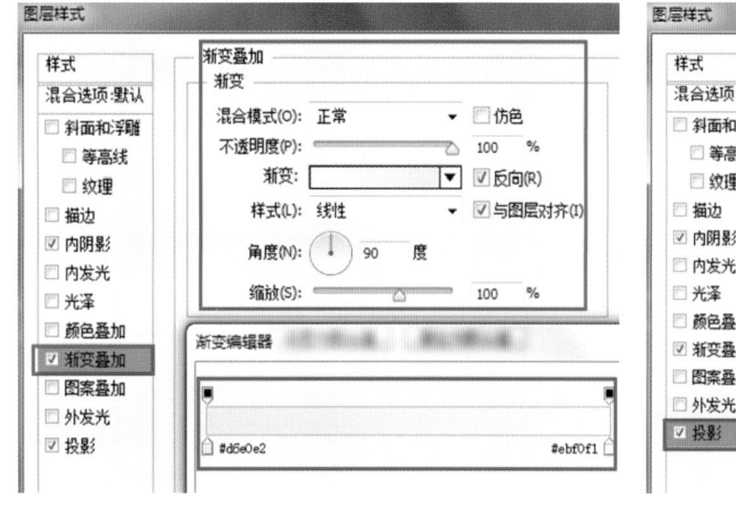

图 5-163　渐变叠加参数设置（9）

图 5-164　投影参数设置（10）

绘制一个图 5-165 所示大小的圆形，作为出音孔。进入图层样式，勾选“颜色叠加”（见图 5-166）与“投影”（见图 5-167），分别按图进行参数的设置。再复制五个同样大小的孔的图层，顺序放置后，再将整个出音孔复制到播放器的左下方，得到最终效果，如图 5-168 所示。

图 5-165　绘制图形（12）

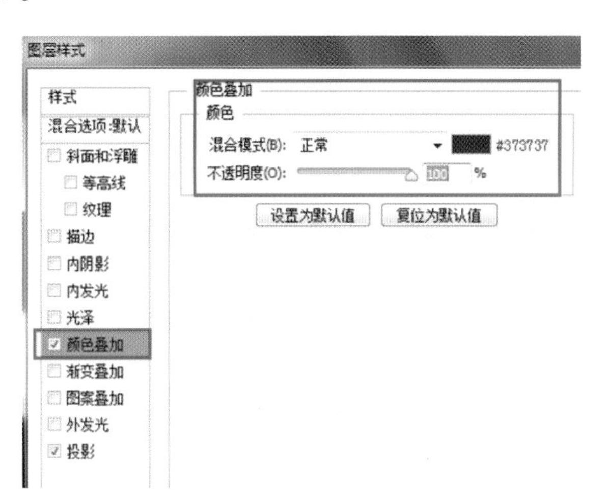

图 5-166　颜色叠加参数设置（6）

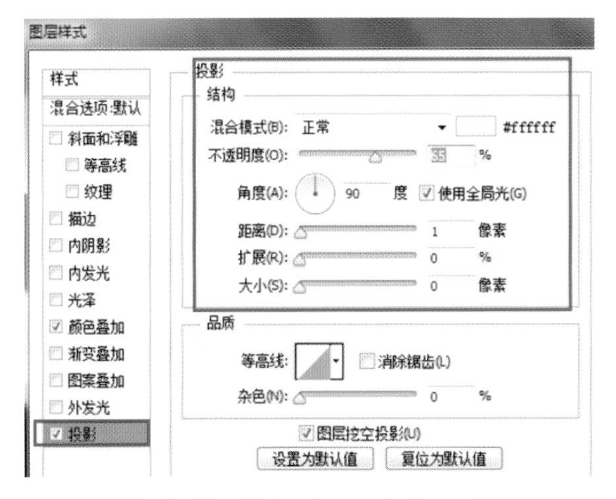

图 5-167　投影参数设置（11）

图 5-168　最终效果（喇叭）

绘制开关。在播放器的右下方绘制一个图 5-169 所示大小的圆形，双击进入图层样式，勾选“内阴影”“颜色叠加”与“投影”，分别按图 5-170 至图 5-172 所示进行参数的设置。

图 5-169　绘制图形（13）

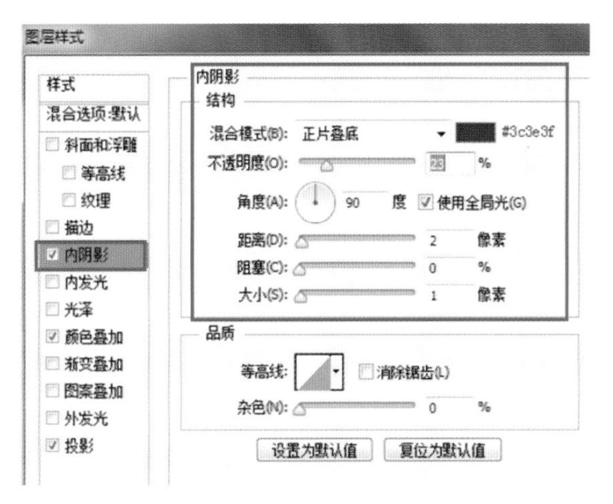

图 5-170　内阴影参数设置（7）

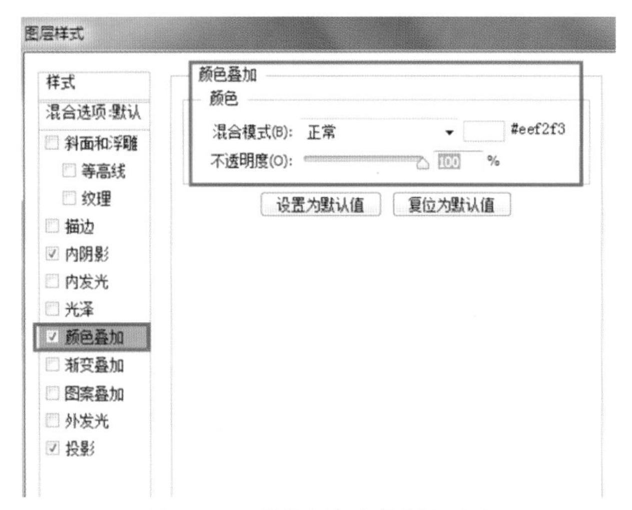

图 5-171 颜色叠加参数设置（7）

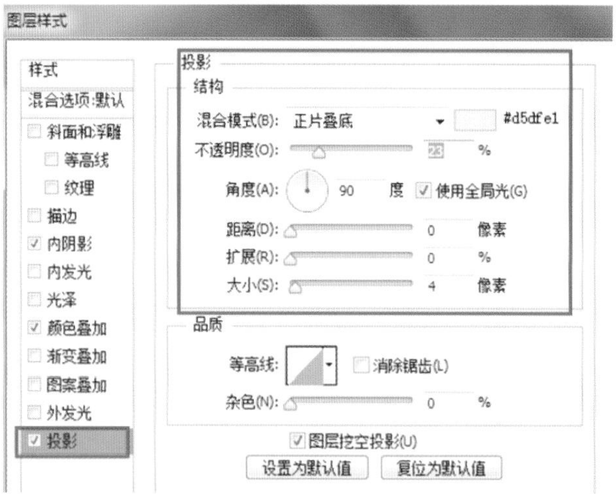

图 5-172 投影参数设置（12）

绘制另一个圆形如图 5-173 所示，与上一个圆形垂直居中对齐。进入图层样式，勾选“描边”“内阴影”“渐变叠加”与“投影”，分别按图 5-174 至图 5-177 所示进行参数的设置。

图 5-173 绘制图形（14）

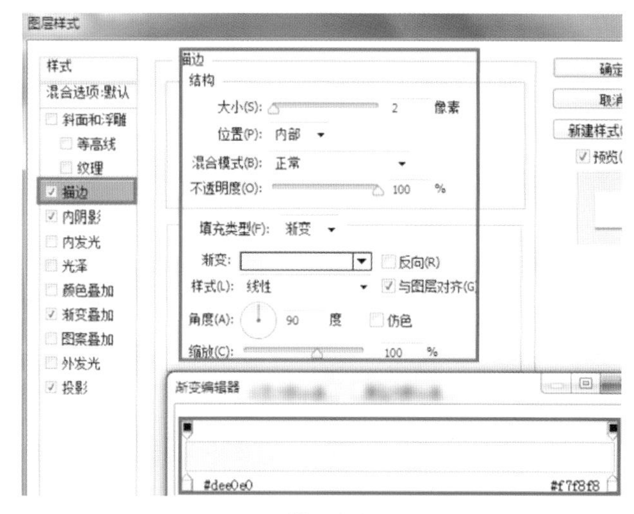

图 5-174 描边参数设置（8）

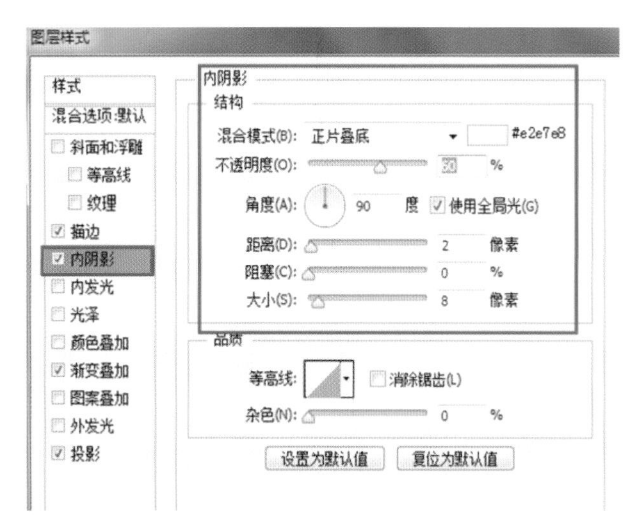

图 5-175 内阴影参数设置（8）

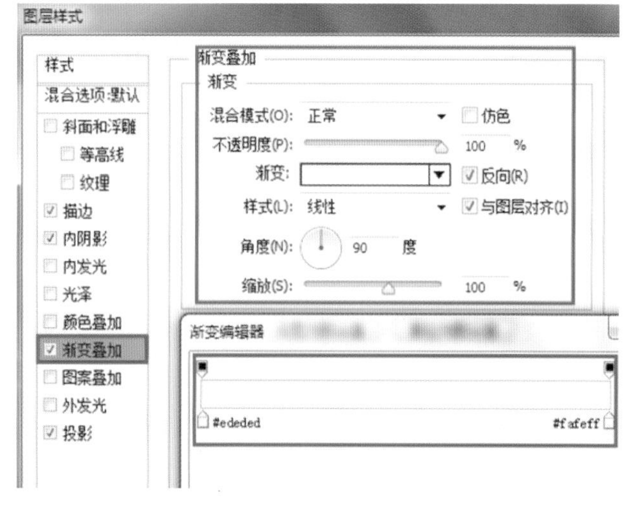

图 5-176 渐变叠加参数设置（10）

绘制最后一个圆形如图 5-178 所示，进入图层样式，勾选“内阴影”“颜色叠加”与“投影”，分别按图 5-179 至图 5-181 所示进行参数的设置。进过简单的调整之后得到最终的效果，如图 5-182 所示。

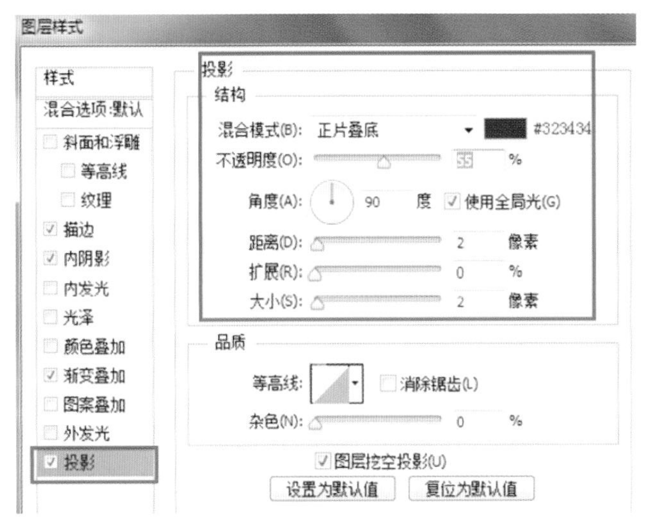

图 5-177 投影参数设置（13）

图 5-178 绘制图形（15）

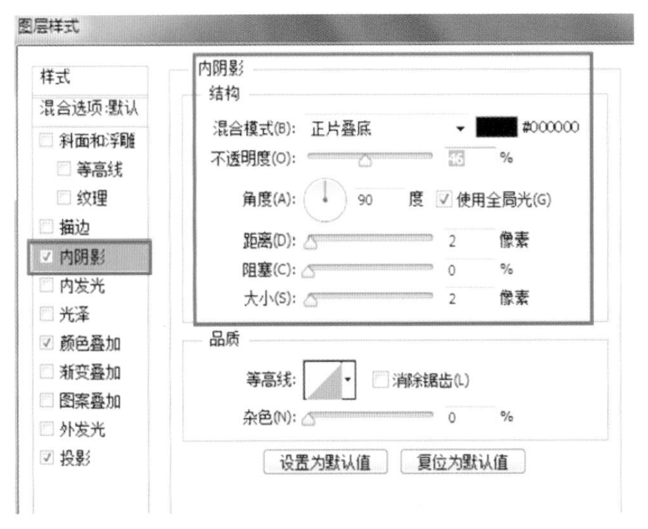

图 5-179 内阴影参数设置（9）

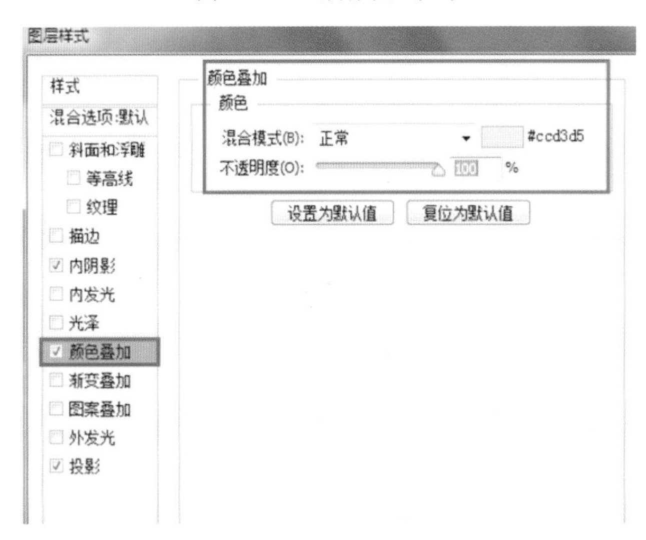

图 5-180 颜色叠加参数设置（8）

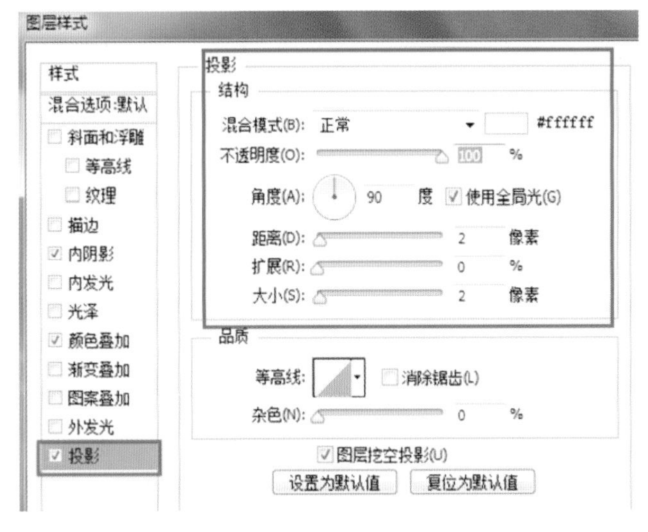

图 5-181 投影参数设置（14）

图 5-182 完成效果

二、“照相机”拟物化风格图标 ICON 绘制

“照相机”图标是常见且常用的功能图标，其制作过程一般按照这样的顺序进行：首先绘制机身，其次绘制镜头部分，然后绘制镜头上的炫光，最后完成取景框和快门。下面分别对各个部分进行介绍。

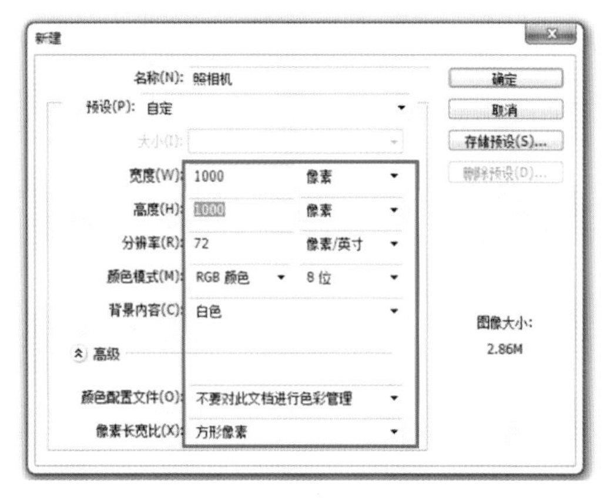

图 5-183　设置照相机文档

（一）“照相机”图标 ICON 机身部分的绘制

首先按“Ctrl+N”新建文档，文档名称为照相机，宽度与高度都为 1000 像素，分辨率为 72 像素 / 英寸，颜色模式为 RGB 颜色，背景内容为白色。打开“高级”选项，颜色配置文件选择“不要对此文档进行色彩管理”，像素长宽比选择“方形像素”，如图 5-183 所示。使用圆角矩形工具在画布上绘制一个 300 像素 × 300 像素、半径为 50 像素的图形，注意去除描边，如图 5-184 所示。

双击进入圆角矩形的图层，打开图层样式，选择“内阴影”和“颜色叠加”，分别按照图 5-185 和图 5-186 所示进行设置。注意内阴影与颜色叠加中混合模式里的色彩分别使用 #000（纯黑色）与 #fff（纯白色），最后得到的效果如图 5-187 所示。

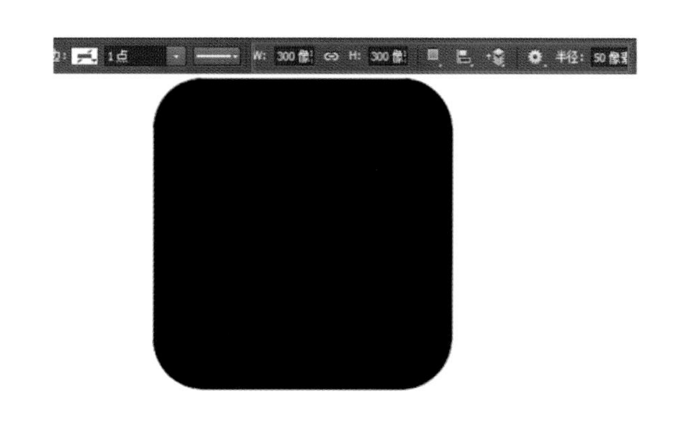

图 5-184　绘制 300 像素 × 300 像素、半径为 50 像素的图形

图 5-185　内阴影参数设置（10）

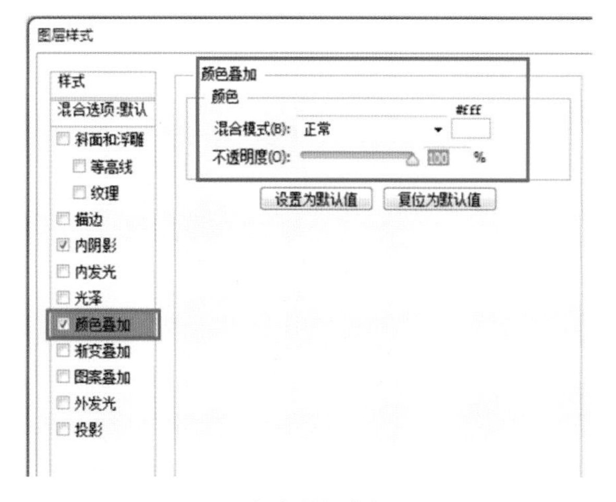

图 5-186　颜色叠加参数设置（9）

图 5-187　圆角矩形效果

再次建立一个同样大小的圆角矩形，重叠覆盖至之前的图形上方，并在距离图形顶部 78 像素的位置创建一条辅助线，选择矩形工具，按图 5-188 所示切割图形，再对被切割的图形选择合并形状组件，如图 5-188 所示。在被切割的图形上方双击，打开图层样式，勾选“渐变叠加”并按图 5-189 所示进行参数设置。

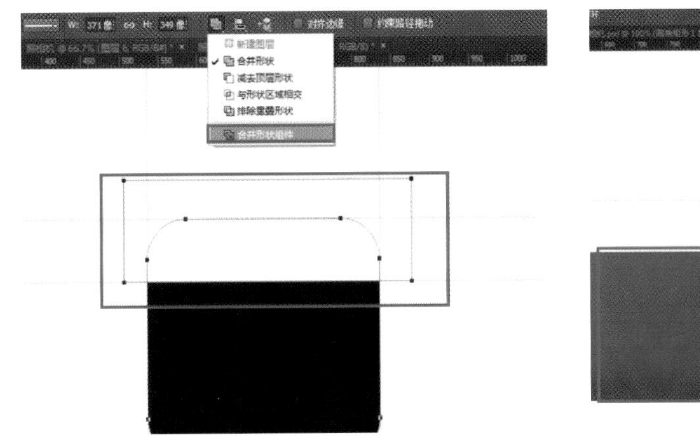

图 5-188　选择合并形状组件

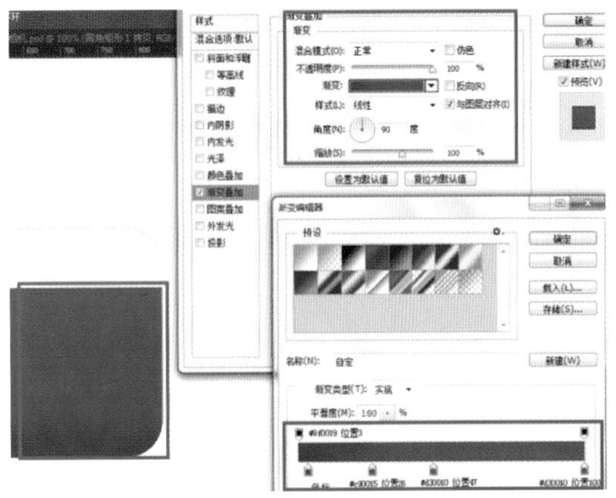

图 5-189　渐变叠加参数设置（11）

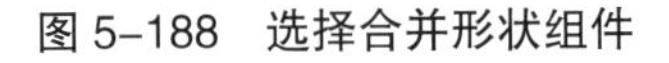

使用圆角矩形工具建立图形，如图 5-190 所示，并把它放置在距离之前图形底部 10 像素的位置。再次使用上面步骤中的方法将上半部分的图形减去，如图 5-191 所示。

图 5-190　使用圆角矩形工具建立图形

图 5-191　将上半部分的图形减去

鼠标双击刚刚被减去的图形，打开它的图层样式，勾选“渐变叠加”与“投影”，并分别进行参数设置，如图 5-192 和图 5-193 所示。

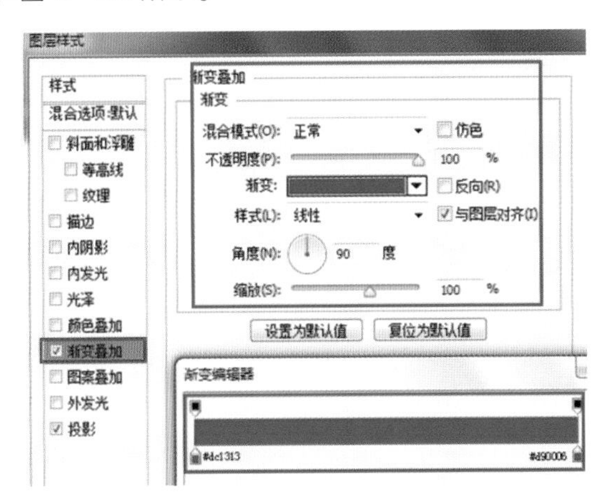

图 5-192　渐变叠加参数设置（12）

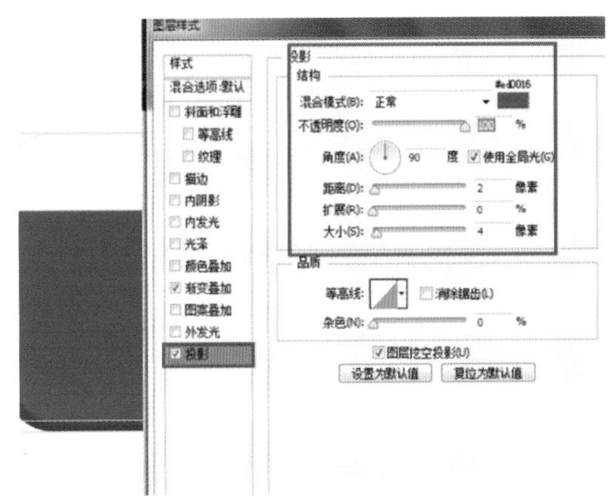

图 5-193　投影参数设置（15）

使用圆角矩形工具再次在距离图形顶部 9 像素的位置绘制一个圆角矩形，如图 5-194 所示。用与前面同样的方法裁切掉图形的下半部分，并在图层样式中勾选“颜色叠加”，填充浅灰色，如图 5-195 所示。

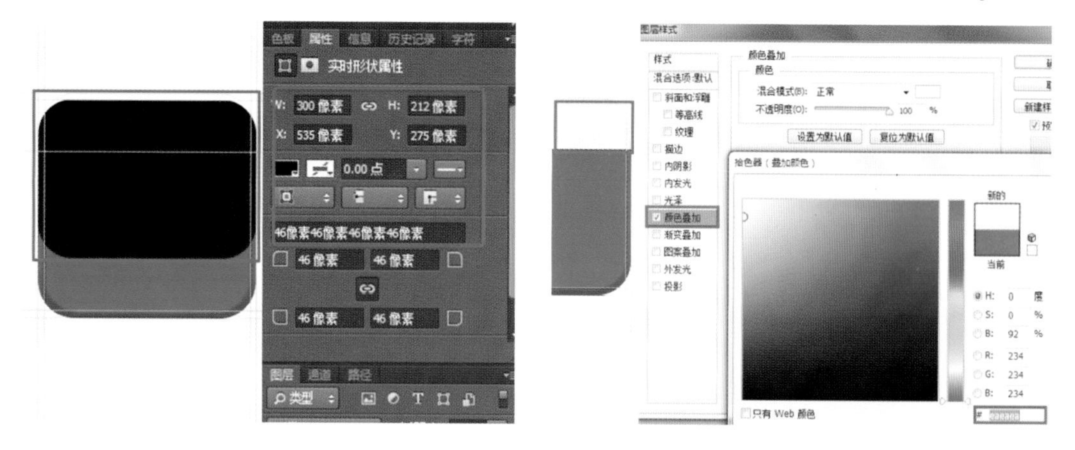

图 5-194　绘制一个圆角矩形

图 5-195　填充浅灰色

对浅灰色的图形进行滤镜处理，选择滤镜→杂色→添加杂色，如图 5-196 所示。打开“添加杂色”对话框，数量设为 14%，如图 5-197 所示。

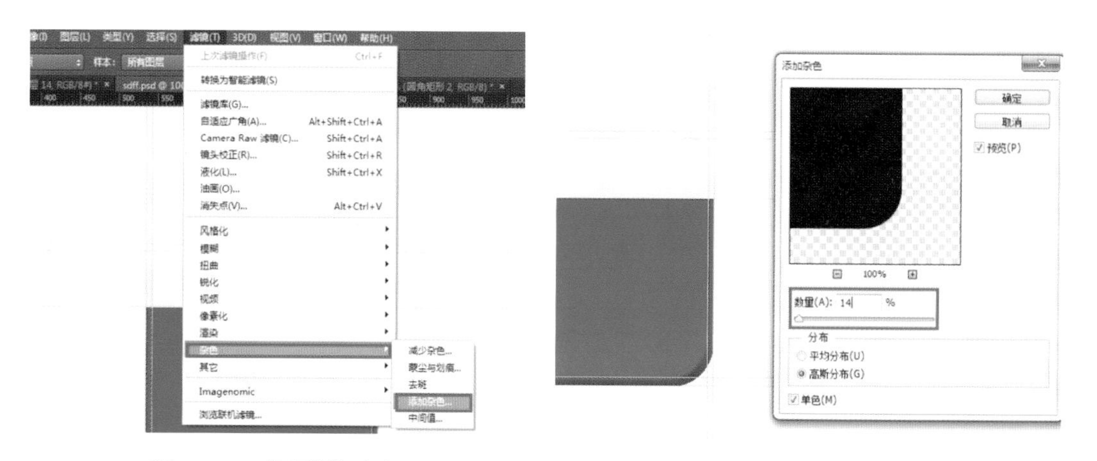

图 5-196　选择添加杂色

图 5-197　设置数量值

使用矩形工具，在浅灰色图形的底部从上至下依次建立宽 300 像素，高分别为 1 像素、2 像素、2 像素的三个矩形，鼠标双击并分别打开它们的图层样式，分别勾选“颜色叠加”“渐变叠加”“渐变叠加”，进行参数设置，如图 5-198 至图 5-200 所示。

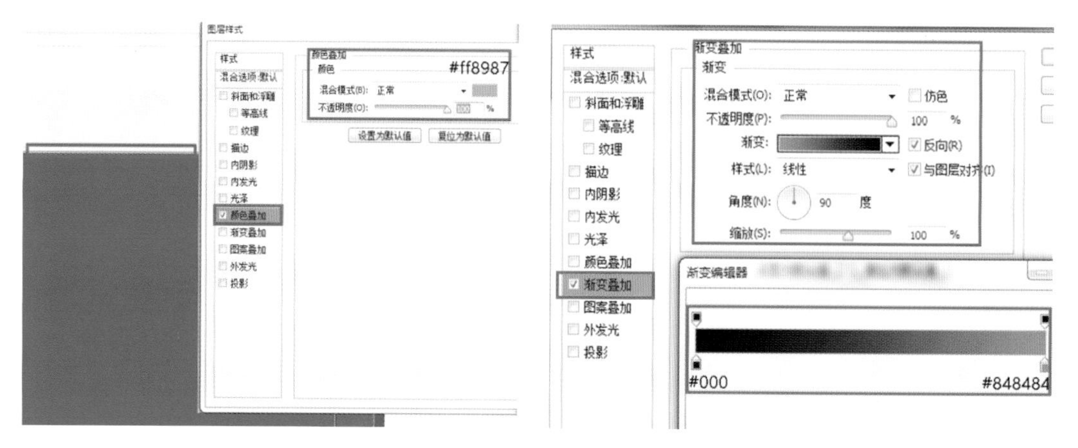

图 5-198　颜色叠加参数设置（10）

图 5-199　渐变叠加参数设置（13）

再次建立两个圆角矩形，如图 5-201 所示。注意第二个圆角矩形居中绘制，参数如图 5-202 所示。对两个圆角矩形进行裁切，选择减去顶层形状，如图 5-203 所示。

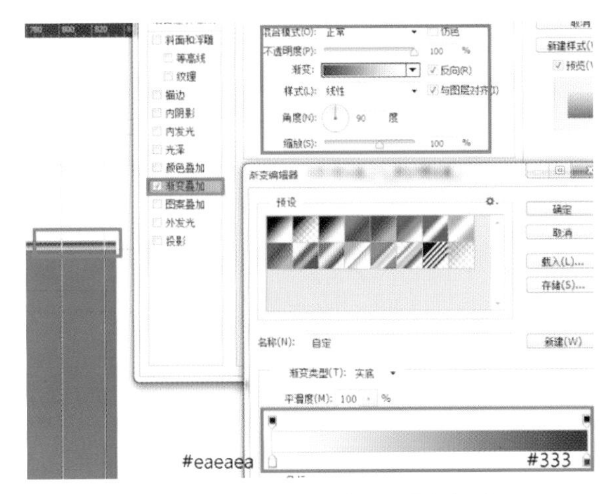

图 5-200 渐变叠加参数设置（14）

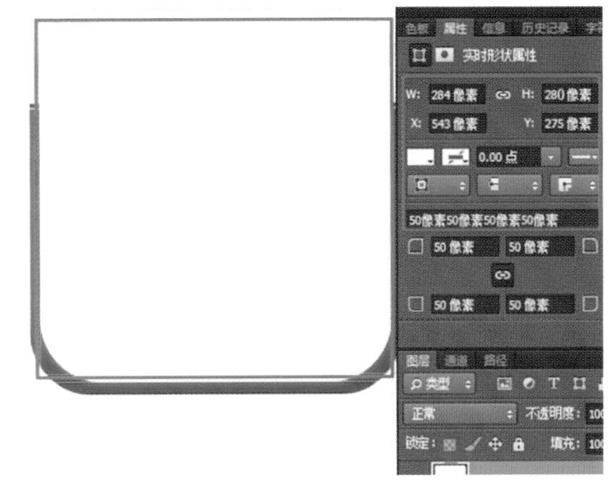

图 5-201 再次建立两个圆角矩形

沿着中间的参考线将它裁切成上、下两个部分，再居中绘制一个圆角矩形，如图 5-204 所示。

图 5-202 圆角矩形参数设置

图 5-203 选择减去顶层形状

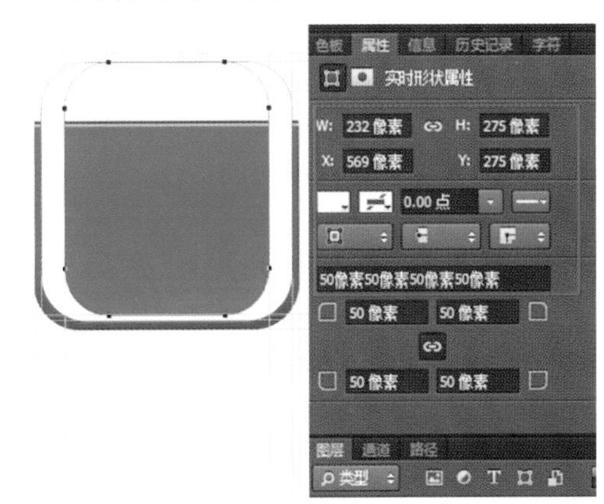

图 5-204 居中绘制一个圆角矩形

利用鼠标单击来选中裁切完毕的环形图层，使用“Ctrl+J”组合键将它复制一个出来后，沿着图中的参考线，将它裁切成上、下两个部分，其中下半部分的不透明度设定为 40%，如图 5-205 所示。再对下半部分进行滤镜→模糊→高斯模糊处理，半径为 2 像素，如图 5-206 所示。

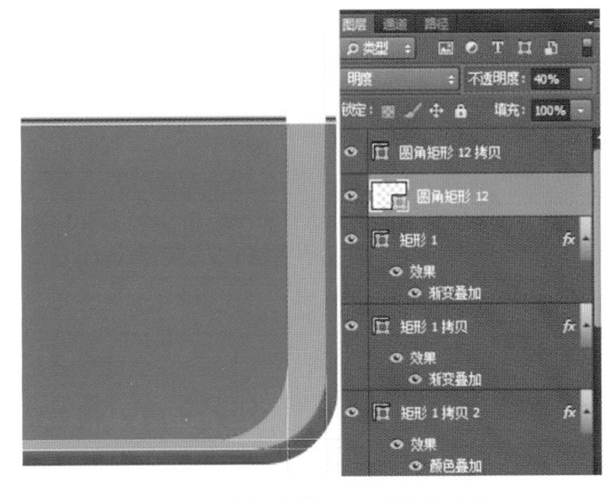

图 5-205 下半部分的不透明度设定为 40%

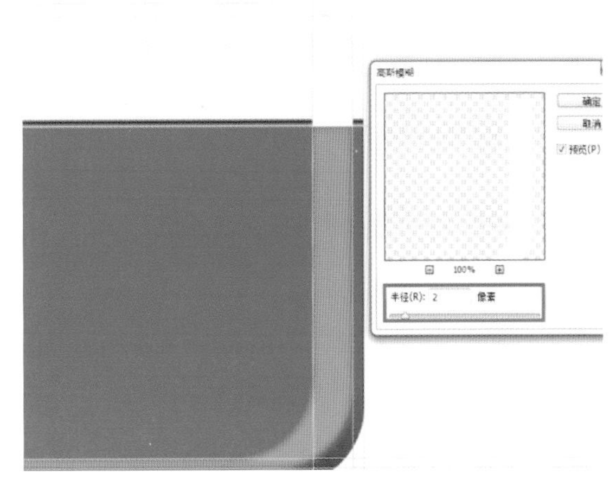

图 5-206 设置高斯模糊半径

使用蒙版遮罩工具，对下半部分进行蒙版遮罩，如图 5–207 所示。单击渐变工具，选择从黑色到白色的渐变模式，从下到上拉动渐变，如图 5–208 所示。

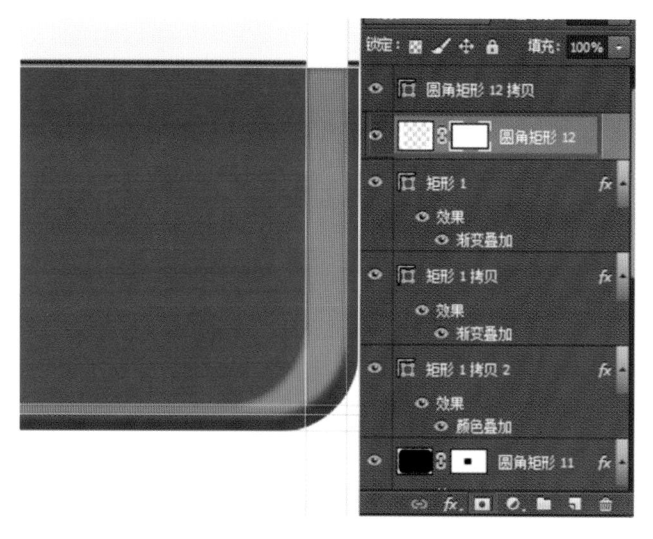

图 5–207　利用蒙版遮罩工具进行蒙版遮罩

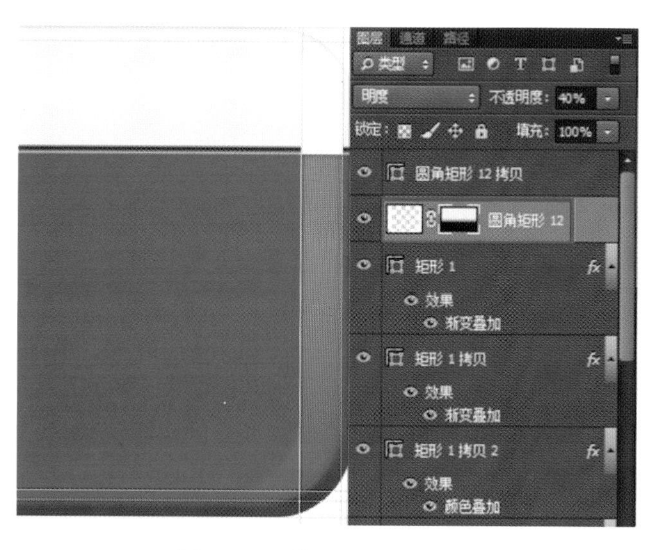

图 5–208　从下到上拉动渐变

接着对下半部分进行图层样式的设置，打开“图层样式”对话框，勾选“投影”，参数设置如图 5–209 所示。最后对环形的上半部分进行调整，只需将不透明度调整为 30% 即可，如图 5–210 所示。

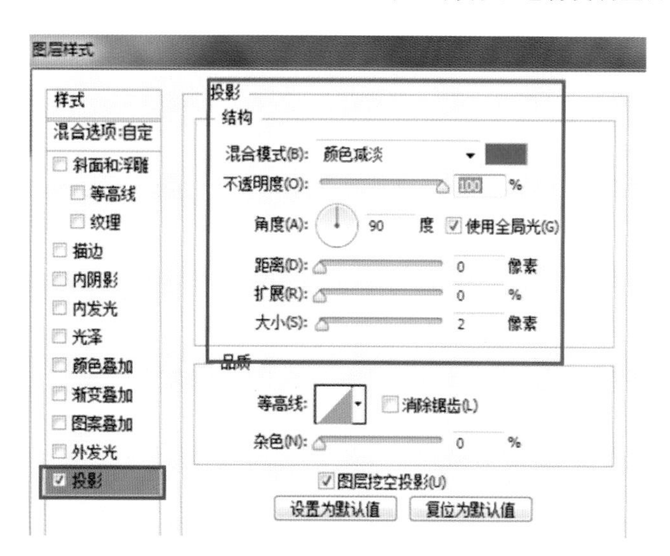

图 5–209　投影参数设置（16）

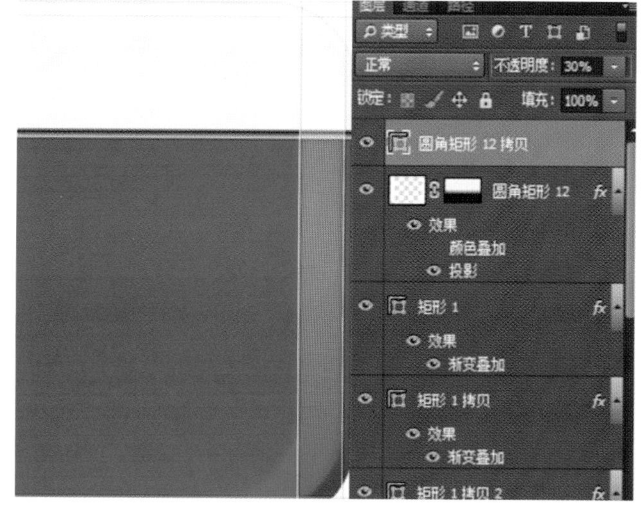

图 5–210　将不透明度调整为 30%

（二）“照相机”图标 ICON 镜头部分的绘制

在照相机机身绘制完毕后，开始绘制照相机的另一个主体物——镜头。镜头的绘制相对机身的绘制要略复杂，主要是因为它是使用多个圆形从外到内逐步进行的，在这一过程中需要较多的耐心。案例中的镜头通过 9 个圆形的绘制达到最终的效果，现在开始进行介绍。

第 1 个圆形：首先使用椭圆工具按住“Shift”键在图标的中心绘制一个圆形，即开始绘制镜头外边缘，参数设置如图 5–211 所示。接着鼠标双击该图层，打开它的图层样式，勾选“斜面和浮雕”“描边”“内发光”“渐变叠加”“投影”，并分别进行参数的设置，如图 5–212 至图 5–216 所示。

第 2 个圆形：创建一个圆形并对齐于刚刚的大圆的中心，然后填充为渐变，如图 5–217 和图 5–218 所示。

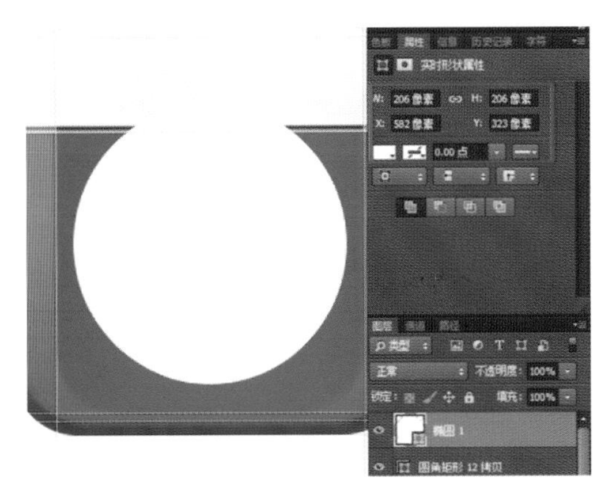

图 5-211　镜头绘制的第 1 个圆形参数设置

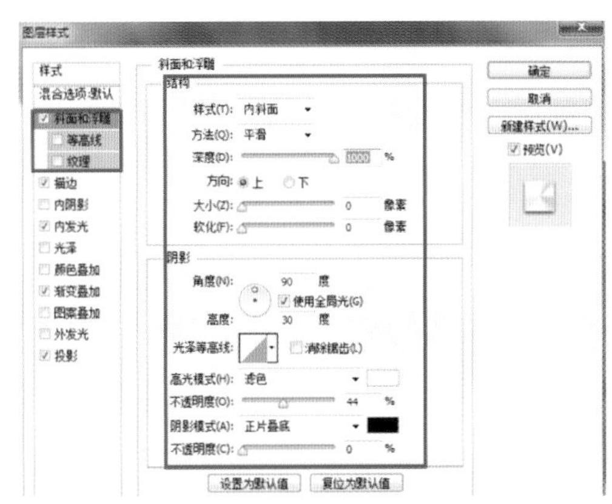

图 5-212　斜面和浮雕参数设置（4）

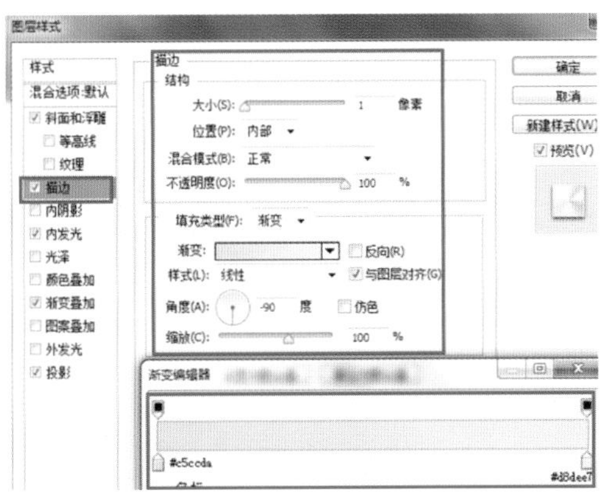

图 5-213　描边参数设置（9）

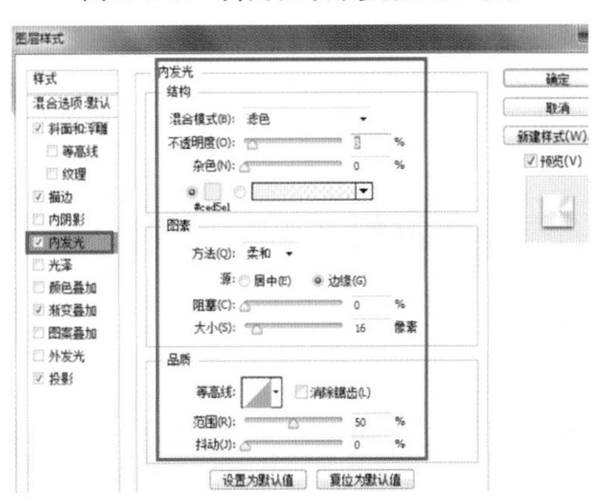

图 5-214　内发光参数设置（3）

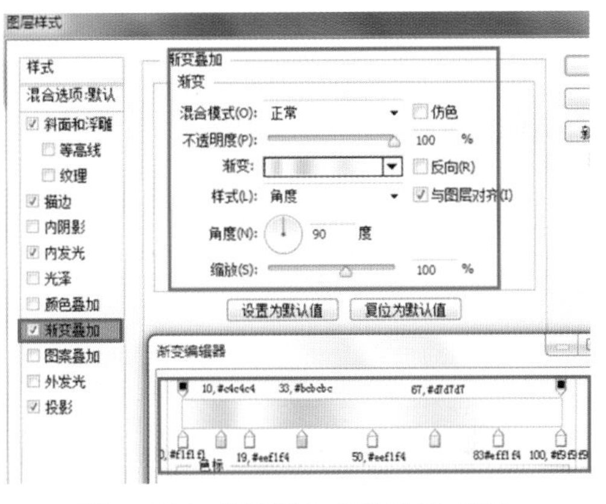

图 5-215　渐变叠加参数设置（15）

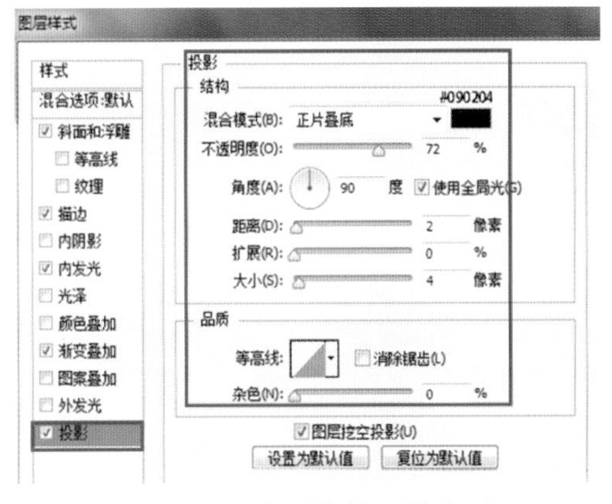

图 5-216　投影参数设置（17）

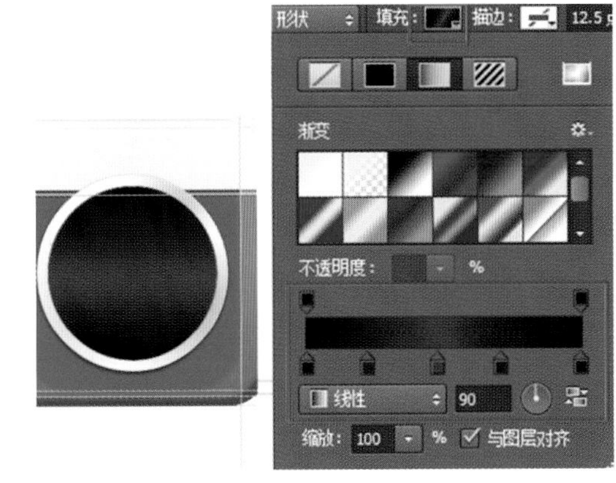

图 5-217　填充为渐变（1）

图 5-218　填充为渐变（2）

鼠标双击该图层，打开它的图层样式，分别勾选“斜面和浮雕”“描边”“光泽”“渐变叠加”“投影”，并进行参数的设置，如图 5-219 至图 5-223 所示。得到的最终效果如图 5-224 所示，即裁切图标本身的效果图。

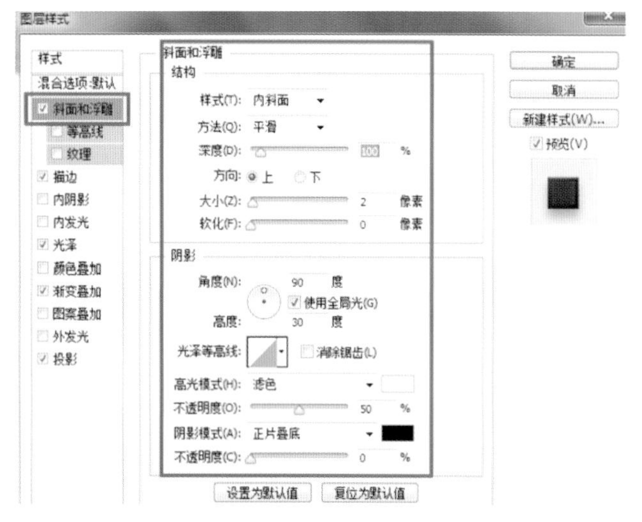

图 5-219　斜面和浮雕参数设置（5）

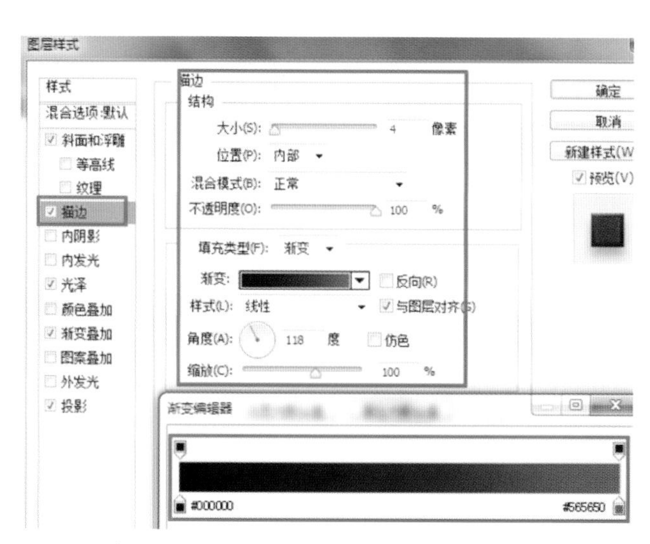

图 5-220　描边参数设置（10）

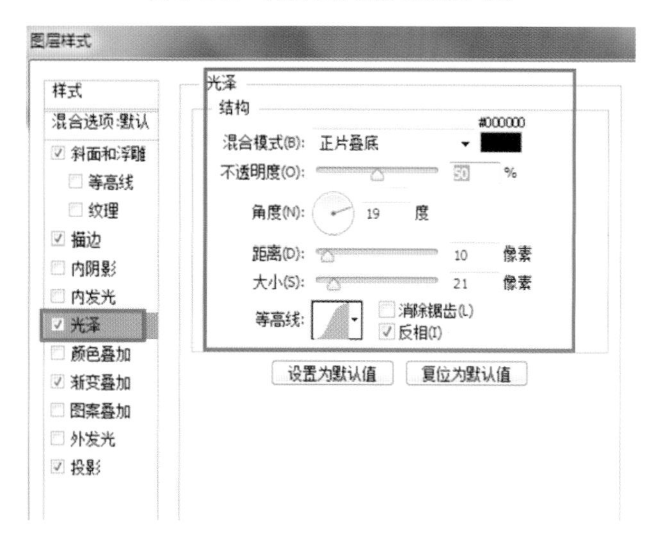

图 5-221　光泽参数设置

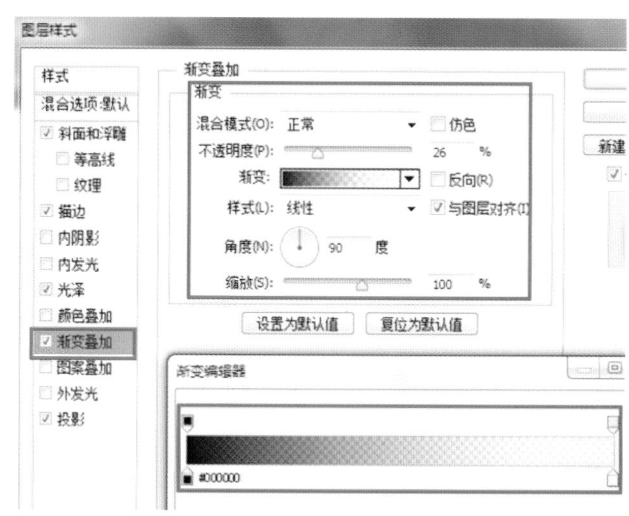

图 5-222　渐变叠加参数设置（16）

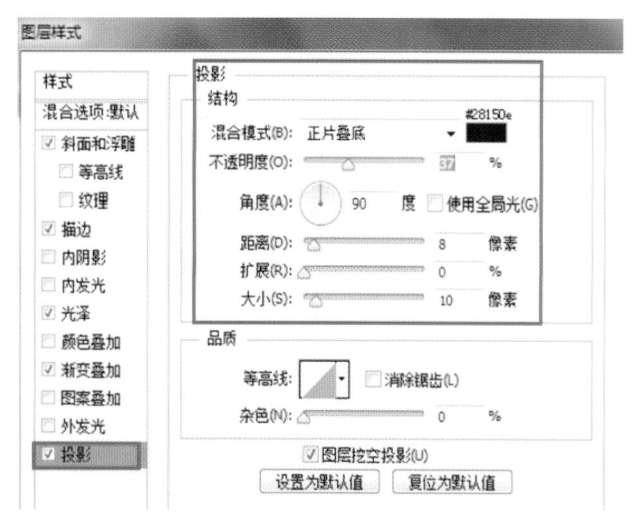

图 5-223　投影参数设置（18）

图 5-224　得到效果

第 3 个圆形：在刚刚制作的圆形内部中心再绘制一个圆形，如图 5-225 所示；选择文字工具，将光标靠近所画圆形的边，使文字沿着圆形的边缘环绕，输入文字“50 mm 1∶1.6”，如图 5-226 所示。

图 5-225 绘制第 3 个圆形

图 5-226 使文字沿着圆形的边缘环绕

第 4 个圆形：在内部绘制一个圆形，如图 5-227 所示；鼠标双击，打开图层样式，勾选“渐变叠加”，对其进行参数设置，如图 5-228 所示。

图 5-227 绘制第 4 个圆形

图 5-228 渐变叠加参数设置（17）

第 5 个圆形：在内部绘制一个圆形，如图 5-229 所示；再设置圆形参数，如图 5-230 所示；鼠标双击，打开图层样式，勾选“渐变叠加”，参数设置如图 5-231 所示，最终效果如图 5-232 所示。

图 5-229 绘制第 5 个圆形

图 5-230 设置圆形参数

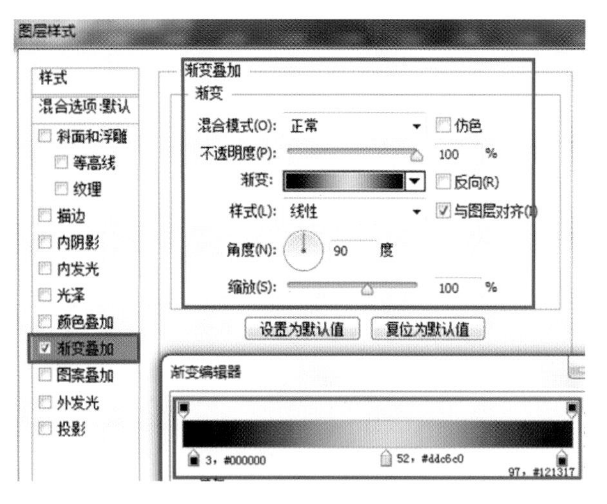

图 5-231　渐变叠加参数设置（18）

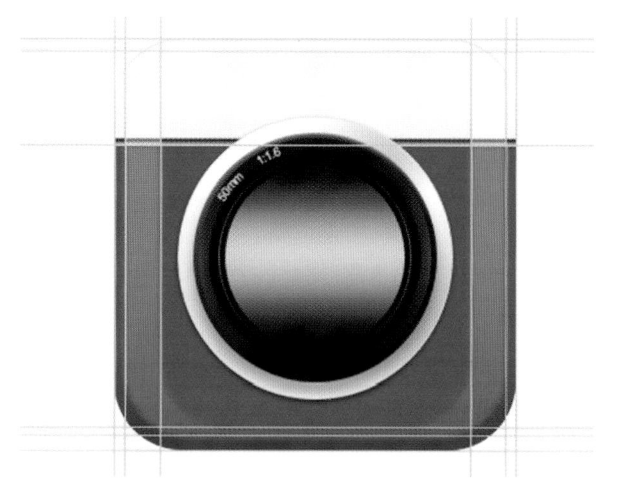

图 5-232　第 5 个圆形的最终效果

到目前为止，照相机镜头部分已经初见端倪，之后的镜头绘制技巧与前面分步骤的制作技巧基本一致，就不再逐一介绍。大家可以根据视觉的需要，增加圆环的数量以及各个圆环所设定的参数值，以取得最优的视觉效果。其他步骤绘制后的效果展示如图 5-233 和图 5-234 所示。

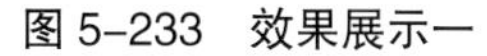

图 5-233　效果展示一

图 5-234　效果展示二

（三）“照相机”图标 ICON 镜头内炫光的绘制

机身与镜头作为相机图标 ICON 的主体已经完成，但在视觉上还不能体现出相机的传神效果，还需要在镜头的内部通过深入绘制炫光达到引人入胜的效果。炫光的绘制本身并不复杂，主要使用的技巧和镜头绘制的较为相似，都使用剪切蒙版，主要区别集中在图层样式的参数调整上。另外，若想得到夺目的效果，镜头炫光的制作仍需要使用多个图层进行表现。

案例中的炫光一共制作了 9 组，前面的两组炫光制作步骤会详细介绍，之后的绘制请大家根据最终效果图中的效果或个人预想的视觉效果自行绘制。

炫光 1 的制作：在镜头内绘制圆角矩形，如图 5-235 所示；打开图层样式，勾选“颜色叠加”并设置参数，如图 5-236 所示；在属性中调整羽化值，得到炫光效果如图 5-237 所示。

炫光 2 的制作：绘制圆角矩形，如图 5-238 所示；打开“图层样式”对话框，勾选“颜色叠加”，如图 5-239 所示；在属性中调整羽化值与不透明度，如图 5-240 所示。

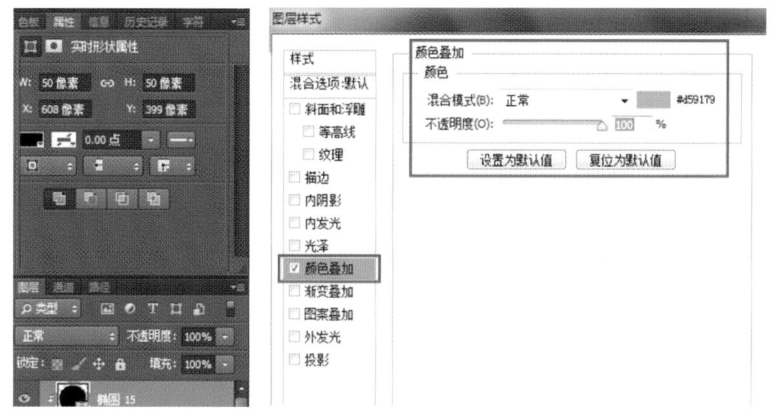

图 5-235　在镜头内绘制圆角矩形　　图 5-236　颜色叠加参数设置（11）

图 5-237　炫光 1 的效果

图 5-238　绘制圆角矩形（炫光 2）

图 5-239　颜色叠加参数设置（12）

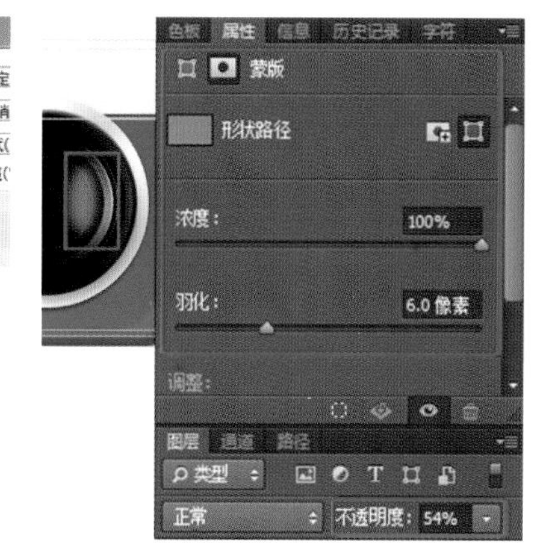

图 5-240　调整羽化值与不透明度

通过上面两组炫光的绘制，应该很容易发现，炫光的基本使用技巧主要就是绘制圆角矩形，添加颜色叠加图层样式，调整属性中的羽化值和不透明度。之后的 7 组炫光的绘制技巧与此基本相同，不再逐一介绍，现将范例中炫光的最终效果展示，如图 5-241 所示。大家可以尝试着自行完成后面的炫光绘制。

图 5-241　炫光最终效果展示

（四）“照相机”图标 ICON 取景框的绘制

取景框 1 的制作：绘制一个圆角矩形，参数如图 5-242 所示；打开“图层样式”对话框，勾选“渐变叠加”并设置参数，如图 5-243 所示；勾选“投影”并设置参数，如图 5-244 所示。

取景框 2 的制作：在上个圆角矩形上垂直居中、水平居中绘制另一个圆角矩形（见图 5-245）；打开“图层样式”对话框，勾选“斜面和浮雕”“描边”“渐变叠加”，分别设置参数，如图 5-246 至图 5-248 所示。

取景框 3 的制作：垂直居中、水平居中绘制一个直角矩形，如图 5-249 所示；打开“图层样式”对话框，勾选“描边”“内阴影”“颜色叠加”，分别设置参数，如图 5-250 至图 5-252 所示。

取景框 4 的制作：绘制一个无底色、无边框的圆角矩形（见图 5-253）；打开“图层样式”对话框，勾选“内阴影”，设置参数，如图 5-254 所示。

取景框 5 的制作：绘制一个椭圆（见图 5-255），注意色彩选择 #fff0f0；打开“图层样式”对话框，勾选“外发光”，设置参数，如图 5-256 所示。

图 5-242　绘制圆角矩形（取景框 1）

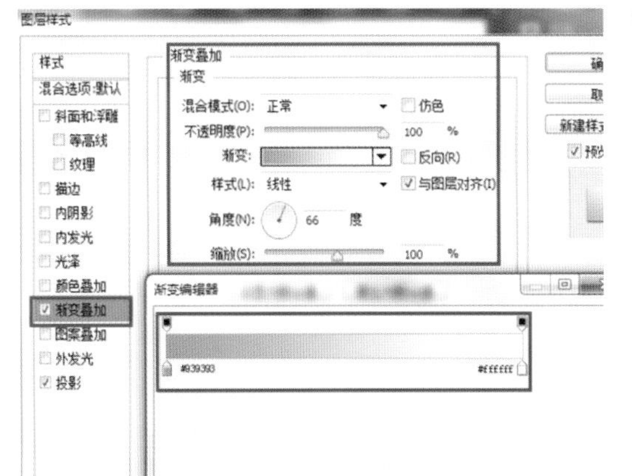

图 5-243　渐变叠加参数设置（19）

图 5-244　投影参数设置（19）

图 5-245　绘制圆角矩形（取景框 2）

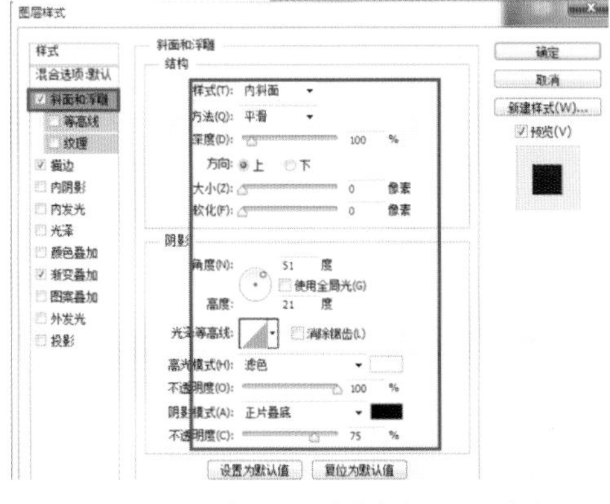

图 5-246　斜面和浮雕参数设置（6）

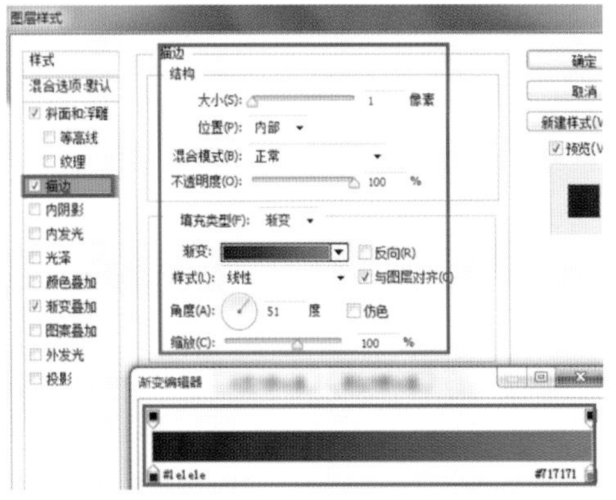

图 5-247　描边参数设置（11）

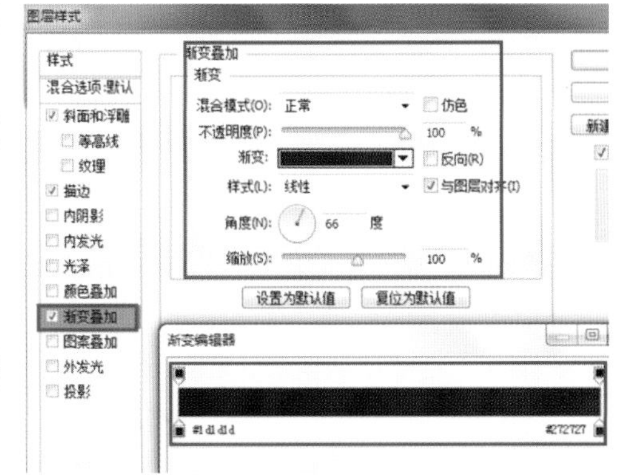

图 5-248　渐变叠加参数设置（20）

图 5-249　绘制一个直角矩形

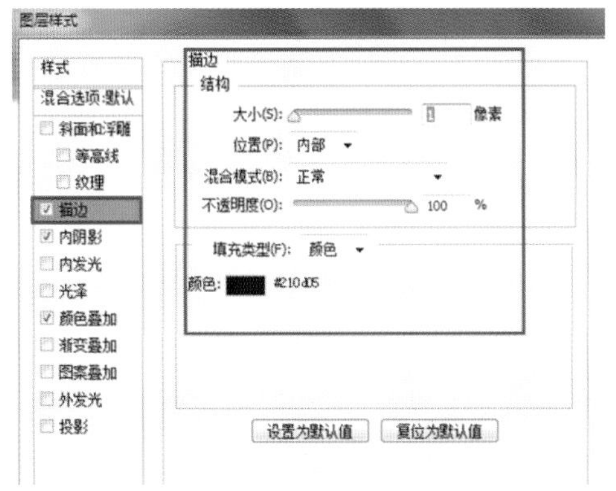

图 5-250　描边参数设置（12）

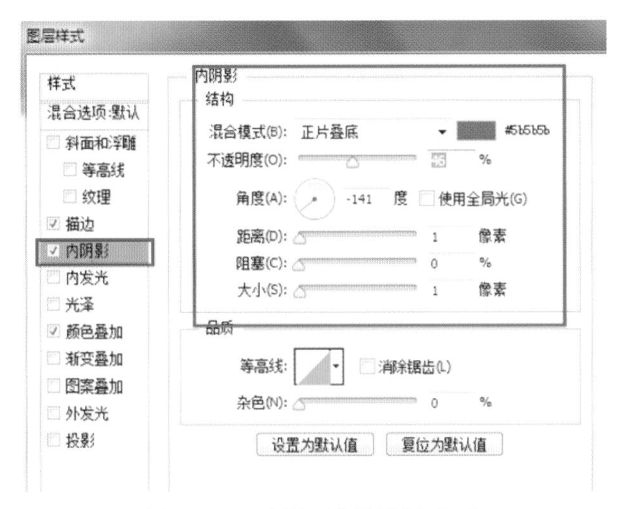

图 5-251 内阴影参数设置（11）

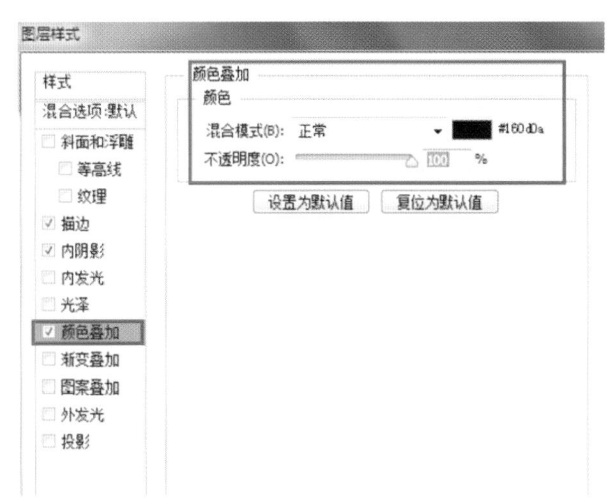

图 5-252 颜色叠加参数设置（13）

图 5-253 绘制一个无底色、无边框的圆角矩形

图 5-254 内阴影参数设置（12）

图 5-255 绘制一个椭圆（取景框 5）

图 5-256 外发光参数设置（3）

取景框 6 的制作：绘制一个椭圆（见图 5-257），色彩依然选择 #fff0f0；打开“图层样式”对话框，勾选“外发光”，设置参数，如图 5-258 所示。

取景框 7 的制作：绘制一个圆点，放置到图 5-259 所示的位置，不透明度选择 45%；打开“图层样式”对话框，勾选“外发光”，设置参数，如图 5-260 所示。

图 5–257 绘制一个椭圆（取景框 6）

图 5–258 外发光参数设置（4）

图 5–259 放置圆点

图 5–260 外发光参数设置（5）

取景框 8 的制作：在旁边的地方绘制红色圆点（见图 5–261），注意红色 #ff0000；打开“图层样式”对话框，勾选“描边”“内阴影”“外发光”和“投影”，分别设置参数，如图 5–262 至图 5–265 所示。

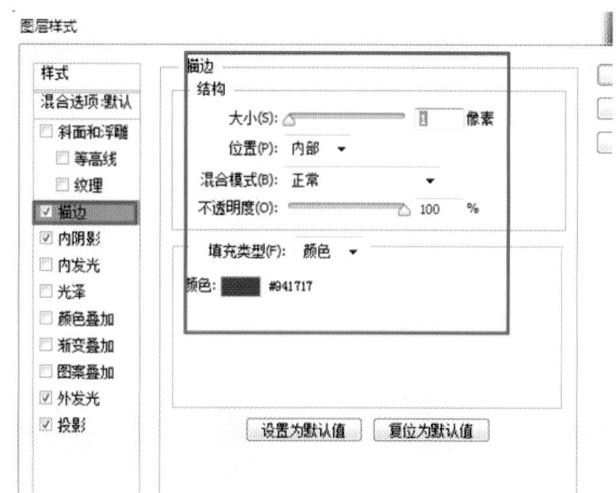

图 5–261 绘制红色圆点

图 5–262 描边参数设置（13）

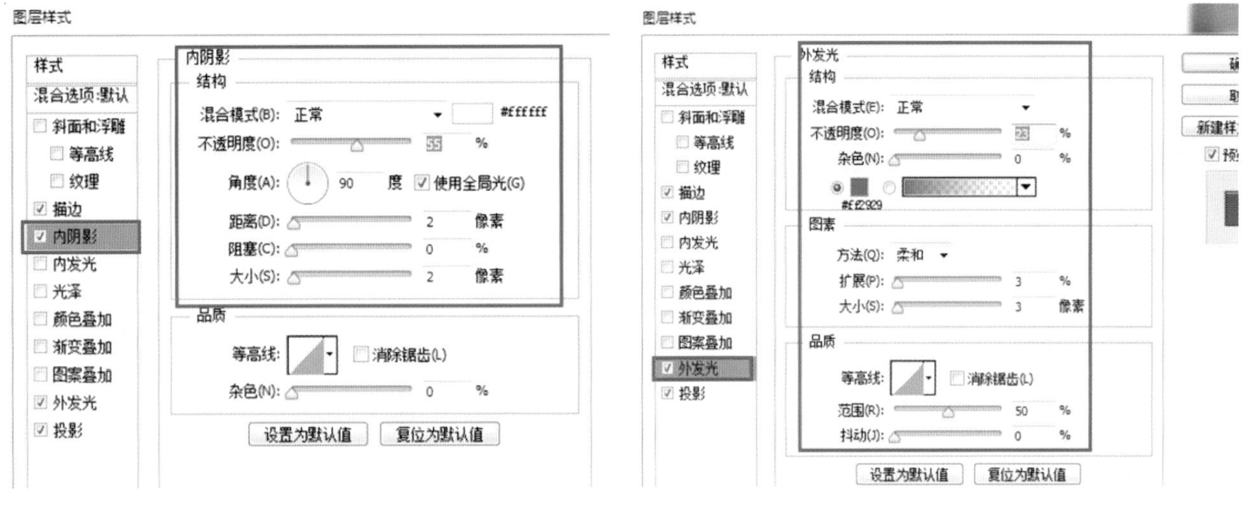

图 5-263　内阴影参数设置（13）　　　图 5-264　外发光参数设置（6）

绘制照相机的按键：在左上角的位置绘制一个椭圆，参数设置如图 5-266 所示；打开“图层样式”对话框，勾选“描边”“内阴影”“渐变叠加”和“投影”，分别设置参数，如图 5-267 至图 5-270 所示。

图 5-265　投影参数设置（20）

图 5-266　设置椭圆的参数

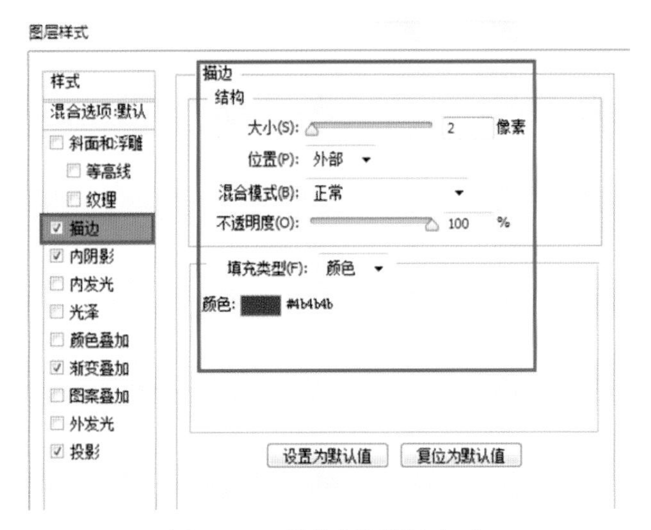

图 5-267　描边参数设置（14）

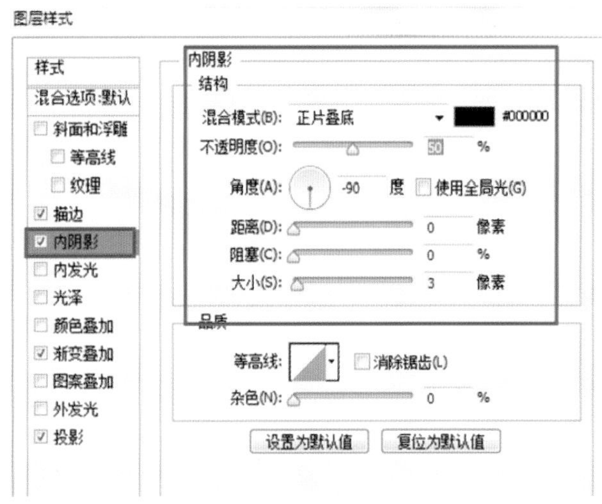

图 5-268　内阴影参数设置（14）

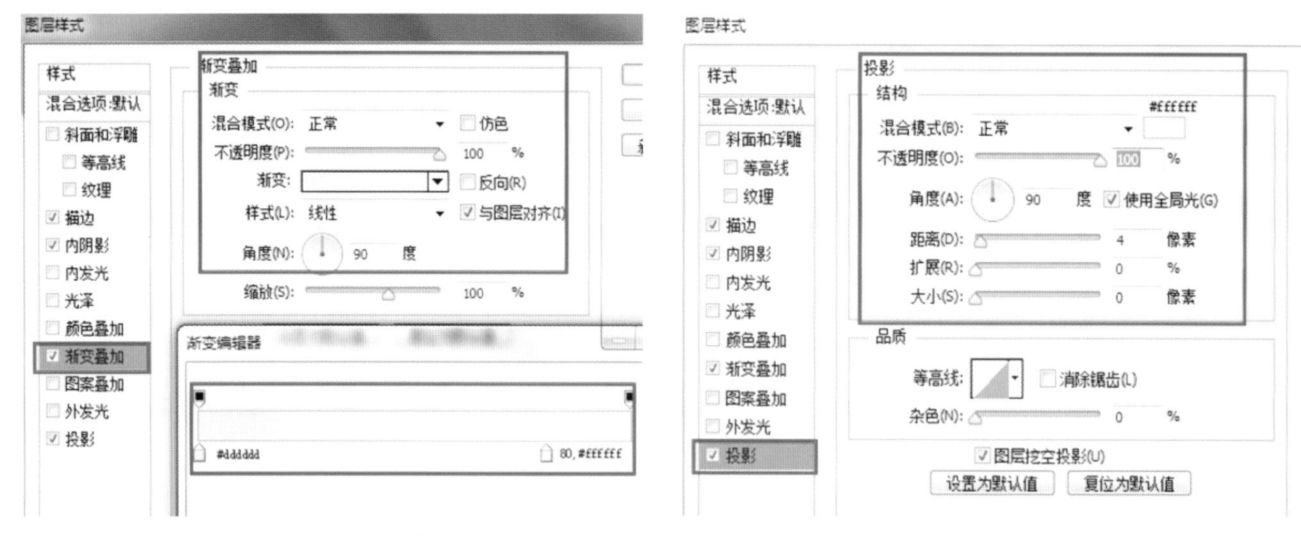

图 5-269　渐变叠加参数设置（21）　　图 5-270　投影参数设置（21）

现在整个图标已经制作完成，按“Ctrl+;”隐藏辅助线，在照相机的底部使用椭圆工具绘制图标的投影，接着打开属性面板，调整羽化值为 6.0 像素，最终得到完成的效果，如图 5-271 所示。

图 5-271　完成效果

本章小结

本章作为本书的精华部分，精选 4 组 8 个案例，通过详细的示范步骤，带领大家使用不同的软件工具绘制各种不同风格的图标 ICON。

复习思考题

1. 完成本章所有案例示范。
2. 思考并总结两个软件工具使用过程中的操作特点和优缺点。
3. 自行设计并完成一个图标 ICON 的绘制。

第 6 章

优秀设计作品

YOUXIU SHEJI ZUOPIN

MIKE 手绘图标作品如图 6-1 所示。

图 6-1　MIKE 手绘图标作品

百度 YI ICONS 设计作品如图 6–2 所示。

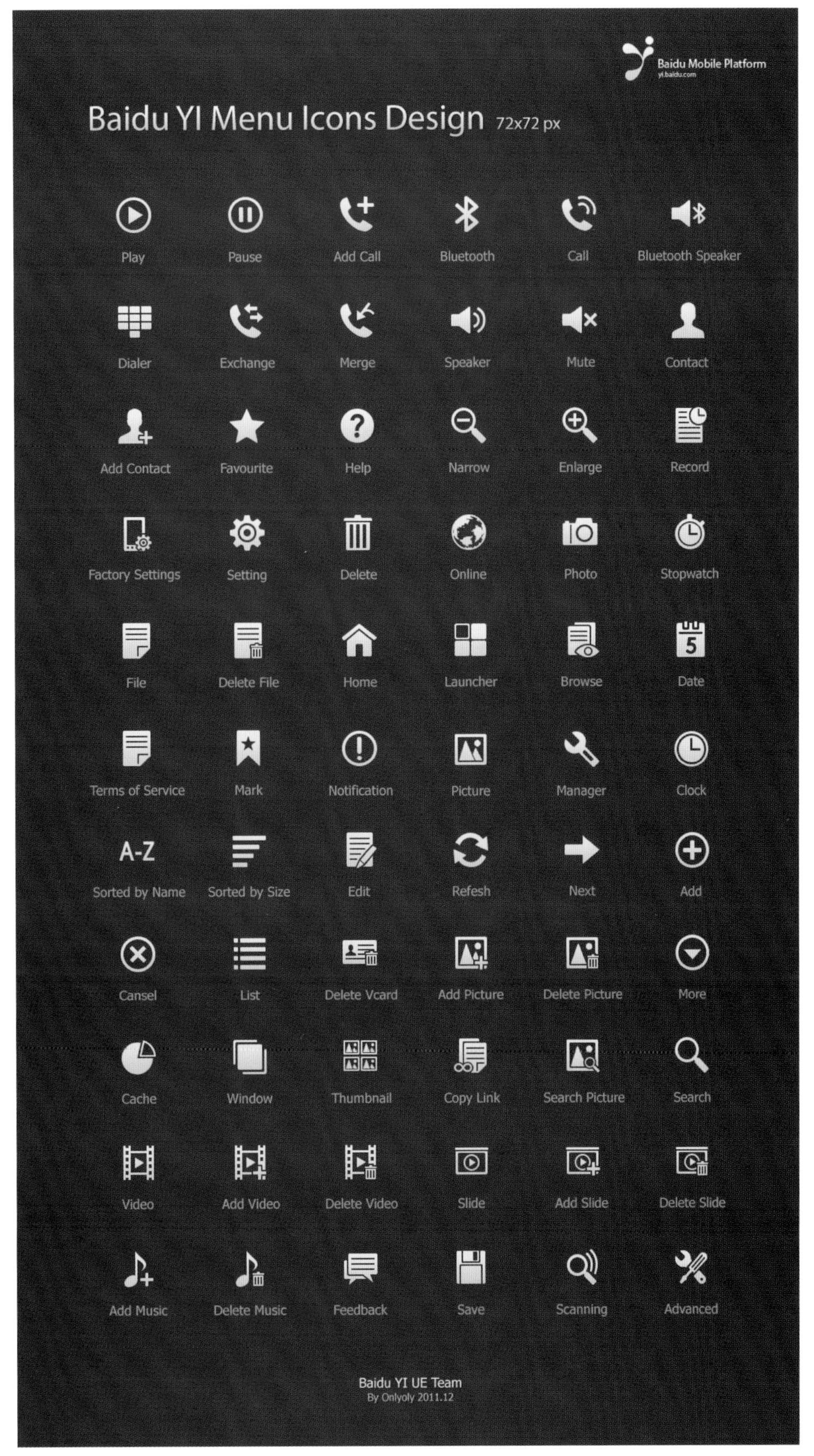

图 6–2　百度 YI ICONS 设计作品

UI WEEK ICONS 作品如图 6-3 和图 6-4 所示。

图 6-3 UI WEEK ICONS 作品一

图 6-4 UI WEEK ICONS 作品二

冰雪主题图标 ICON 如图 6-5 所示。机械 3D 主题图标 ICON 如图 6-6 所示。

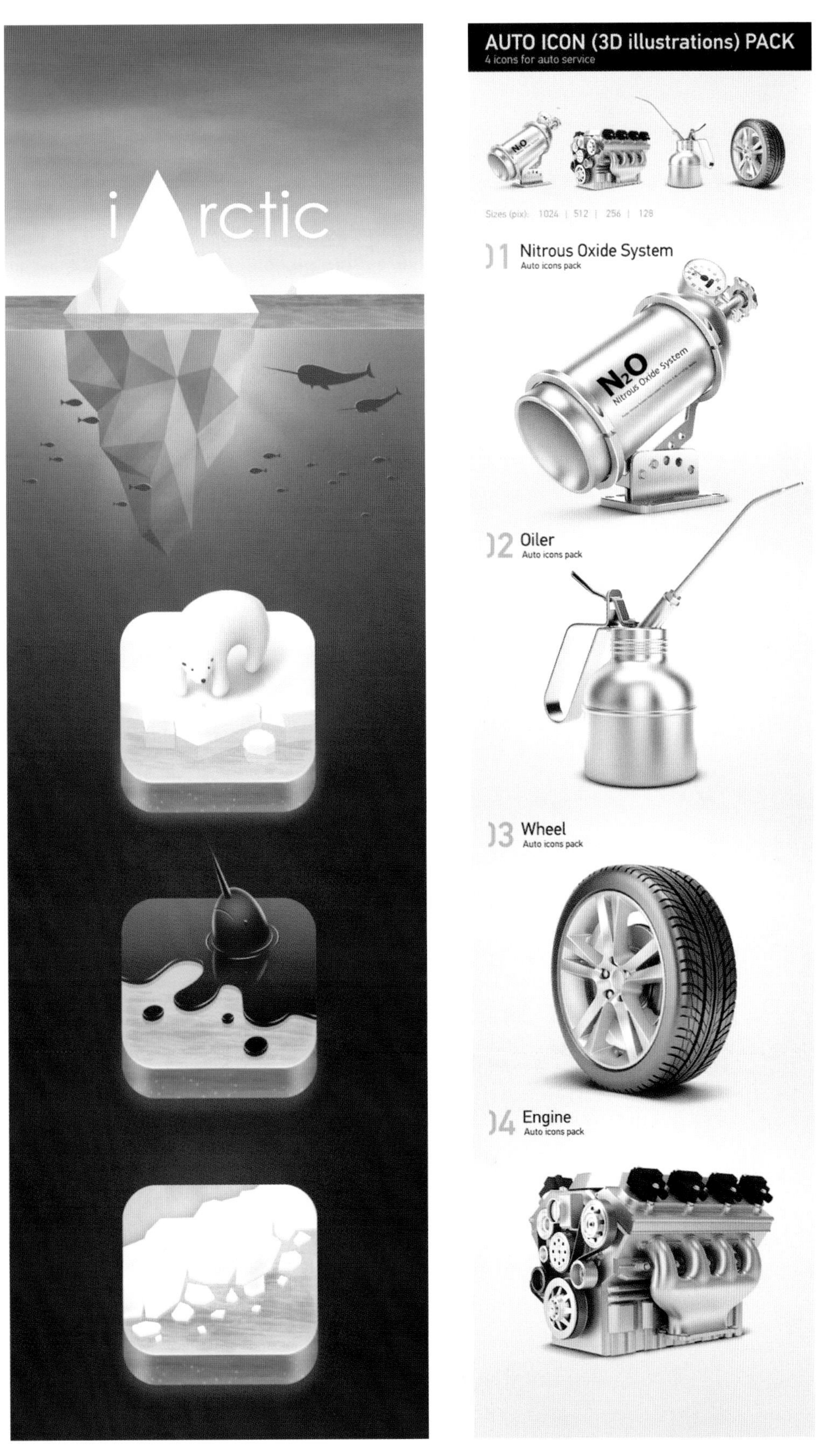

图 6-5　冰雪主题图标 ICON　　图 6-6　机械 3D 主题图标 ICON

欧洲著名地标建筑图标设计如图 6-7 所示。

图 6-7　欧洲著名地标建筑图标设计

Travel Book 主题扁平三维图标设计如图 6-8 所示。

图 6-8 Travel Book 主题扁平三维图标设计

联想“看家宝”奥运主题图标（观江峰）如图 6-9 所示。

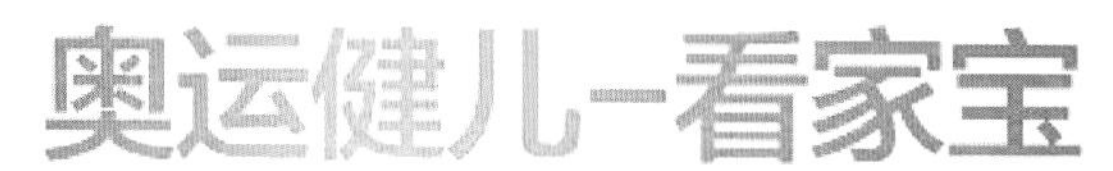

为中国队加油

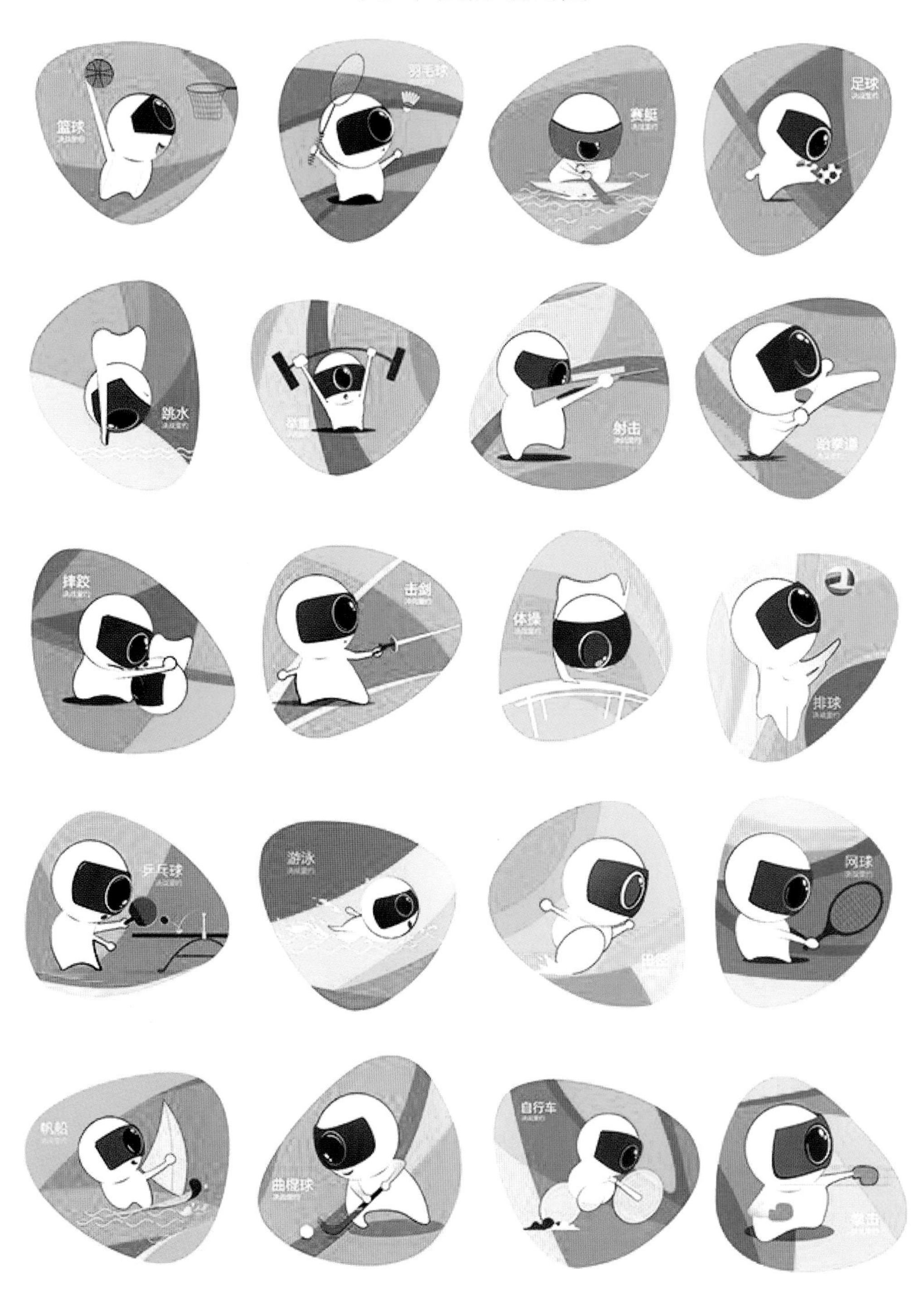

图 6-9　联想“看家宝”奥运主题图标（观江峰）

参考文献

TUBIAO ICON SHEJI YU ZHIZUO

[1] 金景文化. Photoshop CS6 图标设计高手之道[M]. 北京：人民邮电出版社，2014.

[2] Art Eyes 设计工作室. 创意 UI Photoshop 玩转图标设计[M]. 北京：人民邮电出版社，2014.

[3] Art Eyes 设计工作室. 创意 UI Photoshop 玩转移动 UI 设计[M]. 北京：人民邮电出版社，2015.

[4] 汪兰川，刘春雷. UI 图标设计从入门到精通[M]. 北京：人民邮电出版社，2016.

[5]〔美〕拉杰·拉尔. UI 设计黄金法则——触动人心的 100 种用户界面[M]. 王军锋，高弋涵，饶锦锋，译. 北京：中国青年出版社，2014.

[6] 王涵. 视界·无界：写给 UI 设计师的设计书[M]. 北京：电子工业出版社，2016.

[7] 余振华. 术与道　移动应用 UI 设计必修课[M]. 北京：人民邮电出版社，2016.

[8] 郗鉴. 界与面　一本写给青春设计师的书[M]. 北京：电子工业出版社，2015.

[9] 董庆帅. UI 设计师的色彩搭配手册[M]. 北京：电子工业出版社，2017.

[10] 鲁晓波，詹炳宏. 数字图形界面艺术设计[M]. 北京：清华大学出版社，2006.